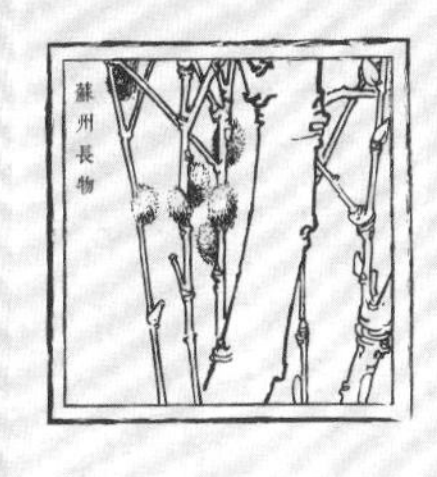

苏州长物·树

苏州市科学技术协会 编

文匯出版社

编委会

主　　编：程　波

编　　务：张亿锋　张志军　庞　振　吴英宁　邱丹凤　钱晓燕

撰　　稿：闻　慧

摄　　影：张亿锋

科学顾问：王金虎

序

“江南好，风景旧曾谙。”如果说，江南是中国文人心目中的一方诗意乡愁，那江南文化就如同中华文化的一个丽梦，是中国梦最优雅、婉转、诗情的部分，而苏州无疑是这段典雅章回的重要叙述者、书写者。苏州承载着从古至今人们对江南最美好的记忆与想象，也是“最江南”的文化名城。苏州之江南文化经典形象也早已深入人心，成为无数人的精神家园。

“美美与共，天下大同”，科技与文化的深度融合成为当今时代的大势所趋，科技的最高境界无疑是用其来理解文化之美，实现人类文明的大发展、大繁荣。苏州是一座将科技与文化完美融合的城市，古代状元之乡，当代院士之城，从科举到科学，苏州生生不息汲取吴文化博大精深、源远流长的天然养分，深深烙印上崇文重教、包容创新的城市基因。因此，将科普与文化、艺术、旅游等相结合，催生科普的新活力、新动能，成为苏州科普工作者的重要责任。

文化传承和科技创新从来都离不开乡土记忆，古有文震亨《长物志》，共十二卷。内容分室庐、花木、水石、禽鱼、书画、几榻、器具、位置、衣饰、舟车、蔬果、香茗十二类，是一部古代的江南文化生活和文人情趣的重要著述。今天我们编辑的“苏州长物”系列口袋书，将“苏样”“苏意”“苏工”“苏作”参互成文，将古城、古镇、古典园林等经典江南文化遗存，昆曲、评弹、苏剧、苏绣等绝世江南文化瑰宝，乌鹊桥、丁香巷、桃花坞、采香泾等唐诗宋词里裁下的江南美称，一一记叙，为大家科普其中的科学内涵，让科学与生活、自然、人文高度融合，雅俗共赏，梳理、挖掘和整理苏州本土的自然、人文、风物、科技等，将苏州的江南文化以准确、朴实、生动的科普语言传递出去。

我们愿与广大读者一起构筑成江南文化的最鲜明符号，延续江南城脉的最深厚底蕴，书写江南记忆的最精彩笔墨，加快锻造文化软实力和核心竞争力，让文化为城市发展高位赋能！

期待“苏州长物”系列口袋书能成为宣传苏州文化软实力、提升苏州市民科学文化素养的随身宝囊！

苏州市科协党组书记、主席

2021 年 7 月

前言

一方水土养一方人，一方水土也养一方树。多少游子魂牵梦萦的，便是故乡桥头岸边的乡土树。

钟灵毓秀的苏州，因其独特的自然、人文环境，孕育出独特的树种。苏州的乡土树，也像极了养育它们的这方水土，开放包容；开放包容的水土、气候，又能养育出南北众多树种。这个山温水软之乡，曾吸引无数文人骚客驻足，他们带来的各种花木，多年以后便又成了苏州的乡土树，丰富了苏州的乡土树种。据不完全统计，苏州的林木种质资源至目前保留下来的大概有2700多份，其中野生群体149份、古树名木1723份，可以说家底傲人。

底蕴深厚的吴文化，让苏州的乡土树平添许多文化内蕴。这些乡土树，或与百姓生活生产息息相关，有着独特的经济价值和观赏价值；或已在城市化进程中逐渐消失，却能时时勾起人们的乡情回忆；或拥有历史掌故，又反观和丰富了吴文化内涵。

树木的生长与文化的发展是同步的。珍贵的乡土树种，承载着优良的种质资源，镌刻着时代与地区的烙印，是“人与自然和谐相处”理念中不可或缺的一个环节。

树自有情亦有语。为了更好地“读懂”这些人类的好朋友，我们编撰出版《苏州长物·树》口袋书，讲述100多种树的故事，并以乡土树种为主，包括城乡常见的树、生长于山林的树以及古树名木，其中有些是近年来引进的较为珍稀的树种，如珙桐、红豆杉等，相信将来它们也会成为苏州的乡土树。古树名木，是苏州历史沧桑的见证者，虽经百年、千年，仍生机勃勃，令我们不得不对生命充满敬畏心。

每一种树都是大地的宠儿。期待通过这本书的指引，能让你看懂、听懂、读懂苏州的树，在未来的日子里好好保护它们！

编者

目录 | Contents

城乡的树

□ 朴树 …… 二
□ 臭椿 …… 四
□ 玳玳花 …… 六
□ 枫杨 …… 八
□ 楝树 …… 一〇
□ 梅 …… 一四
□ 白兰花 …… 一八
□ 柿树 …… 二〇
□ 乌桕 …… 二二
□ 无患子 …… 二四
□ 秤锤树 …… 二八
□ 枸骨 …… 三〇
□ 黄连木 …… 三二
□ 蜡梅 …… 三四
□ 榔榆 …… 三六
□ 复羽叶栾树 …… 三八
□ 杂种马褂木 …… 四〇
□ 泡桐 …… 四二
□ 山茶 …… 四四
□ 石楠 …… 四六
□ 悬铃木 …… 四八

□ 八角金盘……五〇
□ 垂丝海棠……五二
□ 白皮松……五四
□ 丁香……五六
□ 紫玉兰……五八
□ 二乔玉兰……六〇
□ 法国冬青……六二
□ 珙桐……六四
□ 构树……六六
□ 广玉兰……六八
□ 合欢……七〇
□ 含笑……七二
□ 红豆杉……七四
□ 接骨木……七六
□ 落羽杉……七八
□ 木瓜……八〇
□ 木槿……八二
□ 女贞……八四
□ 七叶树……八六
□ 梧桐……八八
□ 深山含笑……九〇
□ 水杉……九二
□ 四照花……九四

□ 溲疏 ……………………………………九六
□ 蚊母树 ……………………………………九八
□ 喜树 ……………………………………一〇〇
□ 黄杨 ……………………………………一〇二
□ 樱桃 ……………………………………一〇四
□ 梓树 ……………………………………一〇六
□ 紫薇 ……………………………………一〇八

山上的树

□ 板栗 ……………………………………一一四
□ 白背叶 ……………………………………一一八
□ 白杜 ……………………………………一二〇
□ 白鹃梅 ……………………………………一二二
□ 白檀 ……………………………………一二四
□ 垂珠花 ……………………………………一二六
□ 冬青 ……………………………………一三〇
□ 格药柃 ……………………………………一三二
□ 拐枣 ……………………………………一三四
□ 木荷 ……………………………………一三六
□ 木蜡树 ……………………………………一三八
□ 山合欢 ……………………………………一四〇
□ 山胡椒 ……………………………………一四二

□ 卫矛……………………………………………………一四四
□ 盐肤木…………………………………………………一四六
□ 野鸦椿…………………………………………………一四八
□ 油桐……………………………………………………一五〇
□ 云实……………………………………………………一五二
□ 乌饭树…………………………………………………一五四
□ 八角枫…………………………………………………一五六
□ 檫树……………………………………………………一五八
□ 刺槐……………………………………………………一六〇
□ 短柄枹栎………………………………………………一六二
□ 黄檀……………………………………………………一六四
□ 檵木……………………………………………………一六六
□ 老鸦柿…………………………………………………一六八
□ 流苏树…………………………………………………一七〇
□ 木通……………………………………………………一七二
□ 牛鼻栓…………………………………………………一七四
□ 算盘子…………………………………………………一七六
□ 小蜡……………………………………………………一七八
□ 野山楂…………………………………………………一八二
□ 柘树……………………………………………………一八六
□ 栀子……………………………………………………一八八
□ 华紫珠…………………………………………………一九〇
□ 木芙蓉…………………………………………………一九二

古树名木

□ 白玉兰 …… 一九六

□ 枫香 …… 二〇〇

□ 罗汉松 …… 二〇二

□ 香樟 …… 二〇四

□ 紫藤 …… 二〇八

□ 藤樟交柯 …… 二一〇

□ 榉树 …… 二一四

□ 龙柏 …… 二一六

□ 枸杞 …… 二一八

□ 银杏 …… 二二二

□ 圆柏 …… 二二六

□ 琼花 …… 二三〇

□ 楸树 …… 二三四

□ 孩儿莲 …… 二三六

□ 红豆树 …… 二三八

□ 桂花 …… 二四〇

□ 紫楠 …… 二四四

城乡的树

朴树

Celtis sinensis Pers.

榆科	朴属	落叶乔木	花期 3-4 月 果期 9-10 月

朴树的"朴"音"pò"，树如其名，其枝干弯曲而有劲道，树冠敦实，叶片基部歪凸，柔中带刚，与榉树的挺拔秀气恰好相映成趣。苏州人家屋前种"榉"，寄托着未来的期望；屋后植"朴"，则是一种现世的警示，人们深晓俭朴兴家、忠厚传世的至理。

朴树木质硬而韧，不易腐烂，乡间常随地取材，用于农具、桌凳、渔船等的制造，结实耐用。长得粗糙的朴树叶有一个妙用，据民国时期《吴县志》记载，"用叶可磨治竹木，使光滑，胜用木贼草"，可见是一种上好的"砂纸"。

朴树所结青黄色的小果，就是苏州乡间小孩口中的"噼啪子"，放在地上用脚一踩，就会"啪啪"作声。朴树籽也常被孩子们当作"竹管枪"的"子弹"，"啪啪啪"，一粒接一粒发出去的是童年的快乐。哪怕长大进了城，看到朴树，首先想起的就是仲秋在浓密树荫下的"啪啪"声。

朴树所结青黄色的小果，就是苏州乡间小孩口中的"噼啪子"

臭椿

Ailanthus altissima （Mill.） Swingle

苦木科	臭椿属	落叶乔木	花期 4–5 月 果期 8–10 月

臭椿古称“樗”，以前苏州乡间常见，城里也能见到几棵。臭椿树干笔直挺拔，枝繁叶茂，也算是树中的“美男子”。因为它形似椿树而叶有臭味，故被称为“臭椿”，但和香椿并不是一家，花、果、干、叶都不一样，不过有一点通性，它俩都是“长寿树”，人们常将它与香椿并称“椿樗”来祝福多寿。

臭椿生长快，木质疏松，人们甚至将其木材与砻糠相比，又有了“木砻树”的说法。因为松软的木头不经烧，所以连斫柴人也不要。正因为无人问津，臭椿往往在不经意间长成了参天大木，庄子称其为“无用之用”。

在别处不被待见的臭椿木头，苏州人却拿它来做纺车上绕线的纺轮。因为虽然木质疏松，韧性却很好，且分量又轻，非常适合做纺轮。臭椿的树皮同样韧性很好，“绕物不解”，古人用来做绳索、扎制蒸笼，不易断裂、腐烂。

臭椿埋于土中的根皮是一味中药，叫“樗白皮”，是治疗痢疾，特别是血痢的良药。据说唐代做过苏州刺史的诗人刘禹锡，立秋前后常得痢疾，痛苦不堪，后来就用臭椿的根捣粉和面，做成药丸，每日空腹服十粒，效果“神良”。臭椿叶子也可药用，旧时小孩子若被黄蜂蜇了，大人们往往会采一些臭椿叶子来擦拭患处，常有奇效。

臭椿生命力极强，耐寒耐旱，抗污染，能在贫瘠的土地上良好生长，是荒山造林和工矿区用来绿化的良好树种。

玳玳花

Citrus aurantium Linn.

芸香科	柑橘属	常绿灌木	花期 5–10 月 果熟期 12 月

“玳玳花、白兰花……”每当听到大街小巷苏州阿婆卖茶花的声音，就知道夏天快要来了。茶花，是指为茶叶窨制加工成花茶的各种香花，“摘其半含半放香气全者，量茶叶多少，摘花为伴……”（宋·赵希鹄《词蠳类编》）主要有玳玳、茉莉、珠兰、白兰等。

虎丘地区历来是茶花的主要产区，可谓“入目皆花影，放眼尽芳菲”，处处可见花房，花香馥郁。虎丘种植的玳玳花是清朝咸同年间由扬州移来的，品种经改良后，生产的玳玳花量多、朵大、瓣厚、蒂小，香气浓郁。

玳玳花隔年的黄果到了来年的春天会回青，代代不息，故而得名。玳玳花寿命长达百年，五龄树开始大量开花，每年5—10月间花开三期，立夏前后的“春花”质量最好，也叫“正花”；夏至前开放的“黄霉花”主要为结果，果实又名回青橙、春不老，晒干后是一味良药，名唤“苏枳壳”；白露至寒露间开的“秋花”数量不多，质量最次。

20世纪30年代中期，玳玳花成为茶花中的首位，所制花茶醇厚劲爽，余香浓郁，成为当时人们的最爱。20世纪80年代，虎丘的茶花生产达到鼎盛时期；然而90年代以后，受各种因素影响，茶花生产逐渐衰落。如今人们开始想念花茶独有的清新甜香，开始慢慢恢复花茶了。

和这座城市内敛隽永的文化气质相通，苏州的花茶乍闻之下不及别地花茶浓郁，外形也不惹眼，但香气清幽文雅，味道持久。未来，或许苏州又能见到“斗茶时节买花忙，只选多头与干长；花价渐增茶渐减，南风十日满帘香”（明·钱希言诗）的热闹景象。

枫杨

Pterocarya stenoptera C. DC.

胡桃科	枫杨属	落叶乔木	花期 4–5 月 果期 8–9 月

枫杨，果似枫，叶如柳，而古人又常认柳作杨，杨、柳同意，因此得名。常可在河岸边、池畔处或小溪旁见到，或斜倚，或直立。树冠伸展，枝形秀美，绿叶葱葱。

虽然枫杨被《长物志》定为“不入品”，但苏州诸多园林以及不少旧时大宅中均有栽植，想来必有其妙处。确实，炎炎夏日，在枫杨浓密的树荫下，品茗畅聊，实乃人生快事。留园曲谿楼前曾经有一株“凌波探水”的枫杨，至今仍是园林布景的典范。常熟市区留存的一株胸径最大的古枫杨，已有300多年树龄。

春末，枫杨花成条挂在枝上，压弯了枝梢，像千万绿色的流苏垂于叶间，风一吹，轻轻摇曳，线条轻柔而优美。枫杨果实甚是有趣，长椭圆形，两侧带翅，成串挂在树梢，形似元宝，又像小飞机，可随风飞往别处安家。

说枫杨“不入品”，可能是因其木材轻软，不堪器用。但它的树皮坚韧，用处颇多，可用来缘饰一些竹木器物的边或制作优等绳索等；也可入药，是治疗腹水、痢疾和夏天防暑的良品。此外，枫杨的叶可做农用杀虫剂，果实可做饲料或酿酒，种子可榨油。

楝树

Melia azedarach Linn.

楝科	楝属	落叶乔木	花期 4–5 月 果期 10–12 月

楝树，因可以用来洗练丝帛棉麻而得名。楝树花开在春的最后一个节气，古人把它纳入江南二十四番花信风，位居最后，博得了送春“晚客”的雅号。明代苏州大家沈周送客至金阊亭，看到楝花飞落，客人与春天将一同归去，就说：“旧迹新痕酒满衣，东风紫楝又花飞。金阊亭上偏无赖，春与行人并日归。”时光易逝，大好春光确实应当珍惜，而这美好的花也当好好欣赏才是。

楝花盛开之时，只见满树冠的紫气腾腾，而落花之时，如纷纷而下的雪花，只是这雪花是紫色的，宋代诗人杨万里就曾将其喻为紫雪:“只怪南风吹紫雪,不知屋角楝花飞。”陆游说“风度楝花香”，花开时，走在树下，清香阵阵。

楝树结的果子，苏州人称为“楝树果果”，生青熟黄，从前苏州乡下小孩们喜欢拿它来打弹子玩。宋代苏颂《本草图经》说：“楝实，即金铃子也，实如弹丸。”确实，楝实挂在长长的果柄上垂下来，犹如一个个小铃铛。楝树果实和叶都有苦味，所以也有人称这种树为“苦楝”，称这种果实为“苦楝子”。

楝树生长快，不择地，曾经是苏州城乡家前屋后广泛分布的一种常见杂树。其木材纹理美、易加工，是良好的建筑、家具、乐器用材。人们常随手取材，伐几根楝木，搭个棚屋，修补一下屋椽，做条扁担，坚韧耐用，非常实惠。

楝树全株有毒，毒性以果实为最，叶子最轻，是制药和制造农药的原材料。旧时农村常用楝果、楝叶做土农药，如今苦楝中提取的苦楝油则大量用于制造生物农药，既生态又环保。

楝树花开

梅

Armeniaca mume Siebold

蔷薇科	李属或梅属	小乔木	花期 1–2 月 果期 5–6 月

苏州历来是栽梅、赏梅胜地，唐宋之时就“栽梅特盛，其品不一”（宋·范成大《范村梅谱》），种梅风行，品类繁多。南宋范成大退居石湖后营筑范村，“以其地三分之一与梅”，还编著了《范村梅谱》。这是我国第一本植物学范畴的梅花专著，今人因此得以窥探苏州梅花，乃至我国梅花品种的演变脉绪。

石湖范村的梅事早已成过往，但梅花却在城西太湖之滨成就了另一番花事。光福的邓尉山上，数万梅花绵延 30 余里，真可谓“入山无处不花枝，远近高低路不知”（清·孙原湘诗）。绽放时浩瀚如雪海，馨香袭人，因而得名“香雪海”，与南京梅花山、无锡惠山、浙江超山并称中国四大梅山。西山国家森林公园里，也有万顷梅海，掩映在湖光山色中，别有一番情趣。

植梅、赏梅之外，少不得另一雅事——艺梅，纳梅桩于盆，插梅枝于瓶，朝夕相伴。“艺梅”处处有，而苏州的梅艺独傲天下，“香雪海”中的光福人，独创了一种梅桩制作形式——劈梅。将果梅、野梅截去树冠，对劈为二，上接各种赏花品种，尽显梅花横斜疏瘦、老枝怪奇的韵格，晚明以来备受青睐，闻名于世，一时竟成“洛阳纸贵”之势。直到现在，许多光福乡间人家小院中还种上两三盆，用以自赏；每年苏州狮子林的梅展中，劈梅仍是主角。

梅分为果梅和花梅两大类，梅花最早被人认可的价值就是它的果实，到了唐代，才开始以花的香色被人重视。北宋时期，“一梅花具一乾坤”之说使梅花的审美价值超然物外。之后，梅花成了文人追求风骨气节的心理寄托，在中国文化中占据了不同寻常的位置。

梅花

白兰花

Michelia alba DC.

木兰科	含笑属	常绿乔木	花期 4–9 月

“白兰花、栀子花……”每年夏季苏州的大街小巷，都会有阿婆带着铁丝串起来的白兰花，操着吴侬软语叫卖。在衣服扣子上别上一串白兰花，走到哪都可以被芳香环绕。所谓“闻香识女人”，白兰花的香味可以说是苏州女人的味道。

尽管苏州人对白兰花有着特别的记忆，但却很难在街边看到白兰树，因为这毕竟是从东南亚来的植物，苏州的冬天对它而言实在太冷了。因此，白兰花在苏州只能被种成盆栽，一到冬天，花农只能就把它们全部收进暖房，直到清明过后才能再搬出来。

“冷不得，热不得”的白兰花，是“虎丘三花”中最娇贵的一种，温、水、肥管理相当讲究。“清明断雪，谷雨断霜”，白兰花经不得一点暗霜，与玳玳、茉莉相比，进厢早、出厢迟，冬天只要花厢稍微漏点风，就要冻伤。浇水一定要见干见湿，不干不浇，干则浇透，肥料更是要薄肥勤施。虎丘的白兰花大概在清末民初从福建引入，因其花色、花型好看，像观音菩萨的玉瓶，且香气浓郁、高级，是香中之香，令人神清气爽，所以专供佩戴。20世纪30年代，白兰花开始入茶，产量曾一度达到第三位。白兰花窨茶只窨一次，窨好后带花出货，工艺简单，品质不如茉莉花茶，主要销往济南及陇海线一带。

柿树

Diospyros kaki Thunb.			
柿科	柿属	落叶大乔木	花期 5–6 月 果期 9–10 月

柿树高大寿长，叶圆而厚，春夏绿荫浓郁，淡黄色的小花随风若隐若现；深秋霜叶渐红、经冬飘落，柿子亦是由青变黄，直到红透似火。一年四季整树色彩变化纷呈。古人爱柿，称其为树中“七绝”，“果多寿，叶多荫，无鸟巢，少虫囊，霜色可玩，佳食可啖，落叶可书”，真可谓浑身都是宝，就连落叶也有用处。

苏州有一谜语：“红漆马桶黑漆盖，十人看见九人爱。”这只十人九爱的“红漆马桶”指的是苏州东山出的“铜盆柿”，也叫“灯笼柿”，扁圆而大，成熟后红得透明，皮薄核少，汁多而甜，是苏州留存下来最好的柿子品种。除了铜盆柿，苏州东山还出产形如牛心的“牛心柿”，只有铜盆柿一半大；还有一种扁花柿，以前叫“方蒂柿”，“蒂正方，柿形亦方，色如鞓红，味极甘松”（宋·范成大《吴郡志》），常熟虞山出产的最好吃。

从树上采下来的柿子往往都是没有熟透的，味道很涩，苏州人常把柿子塞到米甏里或是拿几只梨放到柿子里，过不了几日就可以吃了。柿子虽然味美，但性奇寒，不能多吃，也不能空腹吃，尤其不能跟螃蟹同食，会导致腹痛大泻。柿子能够止吐、止泻、止血、止嗽，就是那个“黑漆马桶盖”——柿蒂，也是一剂良药。

苏州老百姓喜欢在庭前屋后种上柿树，既可赏玩又可饱口福，还能得着“柿柿如意”“喜柿连连”的好口彩。据说皮日休当年在苏州的居所也是柿树成荫，好友陆龟蒙曾为此作诗曰：“柿阴成列药花空，却忆桐江下钓筒。”

乌桕

Triadica sebifera（Linn.）Small

大戟科	乌桕属	落叶乔木	花期 6-7 月 果期 10-11 月

"乌柏赤于枫，园林九月中。"（宋·陆游诗）随着秋意渐浓，姑苏城外穹窿山、天平山中的乌柏树叶色由黄而橙，渐成红艳，"叶红可爱，较枫树更耐久"（明·文震亨《长物志》）。冬初叶落，被白色蜡层的黑色种子绽裂枝头，经久不凋，远观似梅花初绽，"真可作画"。

据记载，苏州早在唐代就已将乌柏引栽于庭园。挑剔的文震亨在《长物志》里对其推崇备至，认为秋天的代表——枫叶也略逊一筹。如今，乌柏更是在行道树中屡有应用，公园绿地也有栽培，常与凉亭、墙廊、池畔、山石相伴，融为一景。常熟市虞山公园与相城区金龙村还有两株古树。

千百年来，乌柏与人们的生活密切相关，它是重要的工业用油树种，种子外被的蜡质俗称"柏脂"，由其压取的固体"皮油"可制肥皂、蜡烛等，苏州人还用其涂抹在炒碧螺春的锅壁上；榨取种子所得"柏油"，据说涂发变黑，还可制涂料、油墨等。此外，柏籽油渣可以用来壅田和当燃料，根皮都能入药，叶能做黑色染料，用来染布；木材坚韧，质地细密，民间常将其制成砧板，经久耐用。难怪徐光启盛赞"一种即为子孙万世之利"。

无患子

Sapindus saponaria Linn.

无患子科	无患子属	落叶乔木	花期 5–6 月 果期 9–10 月

无患子，常被认为是江南的菩提树。它结实如弹丸，常被用来穿制念珠，故又称菩提子。明代李时珍《本草纲目》中就有“释家取为数珠，故谓之菩提子”的说法，明清苏州方志中也屡见相应记载。

据《太湖备考》记载，苏州东山俞坞高峰寺曾有一株无患木；虎丘寺中亦有一株，据传为康熙所赐，但都已没有踪迹。不过现在苏州各地乡间、寺庙常能见到无患子。

无患子树干通直，枝叶广展，绿荫稠密；到了冬季，满树金黄，相当耀眼，故又名“黄金树”，是少有的彩色树种之一。它生长快，易种植养护，寿命又长，是城市生态绿化的首选树种之一，苏州各处的公园和绿化带中常有栽培。

无患子还是天然的清洁剂，它富含皂素，只要用水揉搓便会产生泡沫。古人常将其煮熟捣烂后，和上白面和其他香料制成皂丸，用来洗头、洁面、沐浴，据说洗发可去屑明目，洗面可增白祛斑。如今也有直接提取无患子的有效成分，制造出各类天然无公害的洗洁用品，如无患子皂乳、无患子手工皂等。

满树金黄的无患子

秤锤树

Sinojackia xylocarpa Hu.

安息香科	秤锤树属	落叶小乔木	花期 4–5 月 果期 8–9 月

秤锤树，别名“秤砣树”或“捷克木”，是我国著名植物学家胡先骕教授于1928年发表确立的中国特有植物树种，主要分布在南京及附近地区，属国家二级保护濒危树种。秤锤树不是苏州的乡土树种，如果想要一睹芳容，可以去上方山的苏州植物园。

春末夏始，山花烂漫，姹紫嫣红，而珍贵的秤锤树则显得与众不同。它的枝头繁花似雪，花中点点深黄花蕊，低调素雅，静静绽放，不做媚态，不与百花斗艳，洁白纯粹，高雅脱俗。

初秋时，秤锤树结果了。清新的绿叶下垂着一串串红褐色的果实，好像一个个沉甸甸的秤锤，随风摇曳，颇具野趣，这大概就是“秤锤树”名字的由来吧。

秤锤树常与麻栎、黄连木、白鹃梅等乔灌木伴生，高可达7米，枝叶浓密苍翠，花开时雪白可爱，秋时硕果累累，实为新奇的观花、观果树种和造林树种，可群植于山坡，与湖石或常绿树配植，有极高的观赏价值。

秤锤树的果实

枸骨

Ilex cornuta Lindl. et Paxt.

冬青科	冬青属	常绿灌木或小乔木	花期 4–5 月 果期 10–12 月

枸骨，因“叶有五刺，如猫之形”，又名“猫儿刺”“老虎刺”“八角刺”等。

枸骨树形美丽，树皮灰白色，枝叶浓密，叶形奇特，色泽光亮，是良好的观叶、观果树种。深春时开淡黄小花，簇生于叶腋内，花柱如同小触角一样从花中伸出，十分俏皮。入秋后，枝头红果满满，经冬不凋，串串绯红的小果与碧绿发亮的叶子相称，模样实在是艳丽可爱！

枸骨还有一个生动的别名，叫“鸟不宿”。因为它满身是刺，鸟儿没法在枝头停留。特别是冬季，鸟儿无处觅食，而枸骨枝头却长满了红色的浆果，无奈尖刺实在可怕，鸟儿只能望果兴叹。

无刺枸骨是枸骨的自然变种，叶片呈椭圆形，无刺。冬日，绿叶红果的无刺枸骨非常喜气，是花市上的宠儿。

枸骨可入药，其根具有滋补强壮、活络祛风湿之功效，枝叶可治肺痨咳嗽、劳伤失血、风湿痹痛等，果实则可针对阴虚身热、慢性腹泻、筋骨疼痛等症。此外，其种子含油，可制肥皂；树皮可做染料。

枸骨

无刺枸骨

黄连木

Pistacia chinensis Bunge

漆树科	黄连木属	落叶乔木	花期 4 月 果期 10–11 月

腌金花菜和黄连头是以前老苏州春天必吃的两样小吃。现在，腌金花菜还常见，黄连头却难觅踪影。

老早的苏州人喜欢将黄连木的幼叶摘下腌制食用，俗称黄连头，也可以之代茶，清香凉苦。明代就有此记载，“黄连树，极高大，其苗可食”。黄连头味苦涩、性寒，清热燥湿，泻火解毒，苏州人常开春“食之，可解内热”。

以前苏州到处都是黄连木，清乾隆年间《长洲县志》和《元和县志》均说“黄连树，村落间俱有”。现在虎丘有一棵年过六百的老黄连木，年岁虽久，依然苍劲有型、绿荫如盖。

黄连木晚春开花，红色小花如同繁星点缀于叶，盛夏满树红绿，而入秋后，叶又渐变橙黄、鲜红，与山丘美景相得益彰，如画在目。

“哑巴吃黄连，有苦说不出。”黄连木与俗语中所说的“黄连”实为不同之物，只是因为黄连木“味带苦涩如黄连”，故得此名。黄连木是古老的中药材，中医认为，黄连木味苦、涩，性寒，其根皮、枝叶可入药，全年可采。据记载，黄连木具清热解毒、消肿利湿之功效，主治咽喉肿痛、腹泻疮毒等症，宜取三钱干叶煎汤内服，或适量捣汁外敷亦可。黄连木所含成分有助于控制皮脂分泌，可起到改善肤质的效果。

黄连木又称“红檀”，质坚硬致密，极耐腐蚀，可为建筑、家具、雕刻之优良用材，同时它极具开发前景，是上好的生物柴油原料，已作为“石油植物新秀”而引起人们的极大关注。

蜡梅

Chimonanthus praecox（Linn.）Link

蜡梅科	蜡梅属	落叶灌木	花期 11-3 月 果期 7-8 月

蜡梅是“小寒”时节的当家花。数九寒冬，蜡梅凌寒独自开放，“枝横碧玉天然瘦，蕾破黄金分外香”（元·耶律楚材诗），缀满枝条的蜜黄花朵，玲珑剔透，暗香阵阵，若是再缀上些白雪，气韵更为脱俗。蜡梅花期长，能一直延续到初春梅开时节。

蜡梅因香如梅、色似蜡得名，古人常将蜡梅与梅花混淆。南宋时期，寓居吴下的范石湖明确指出“蜡梅非梅”，并在《梅谱》中将蜡梅分为三种：一为狗蝇梅，花小，红心，香淡；一为磬口梅，素心，花盛开时，半含如僧磬之口；一为檀香梅，最先开花，素心，花色深黄，香气浓。这个提法一直沿用至今。

苏州人讲究，赏蜡梅素喜“磬口”“檀香”，对“狗蝇”则不屑一顾。蜡梅呈块状的根颈部，俗称为“蜡盘”，苏州人常借蜡盘的大小判断其是否为上品。

蜡梅入肴幽香来。“蜡梅花味甘、微苦，采花炸熟，水浸淘净，油盐调食”（明·李时珍《本草纲目》），可起到清热解毒、开胃散郁的作用。蜡梅的叶子也有独特之处，因其表面粗糙，可用来打磨红木小件、图章等。

蜡梅的果实

榔榆

Ulmus parvifolia Jacq.

榆科	榆属	落叶乔木	花果期 8-10 月

河南云台山第一大峡谷——青龙峡景区内有一处神奇的村落，名曰“陪嫁妆村”，那里有一片硕大的榔榆林，其中最古老的一棵已逾 1800 年历史。千百年来，人们在榔榆树下许愿，期待收获一份浪漫忠诚的爱情，而这方榔榆林更是见证了无数白头偕老的美满故事。

榔榆在苏州寻常可见，高大优美，枝干略弯，树皮斑然鳞裂。春日里嫩芽新叶，小枝柔垂，含蓄却又饱含生命力；秋季树叶泛黄泛红，山间层林尽染，展露的则是另一种时宜相合的美好；冬天虽叶枯而落，然虬枝独现，姿态潇洒，毫不逊色。如此想来，榔榆的这般浪漫也不无道理！

榔榆不仅有情调，还才华横溢。榔榆木质地坚韧、纹理通直，所以常用于制造车船、家具、农具，写《天工开物》的宋应星在《舟车篇》里提到，造车所选的木料中，榔榆便是用来制作车轴和轴承的上乘品之一。不仅如此，榔榆树皮纤维含较少杂质，可做蜡纸、人造棉原料，亦可用于编织绳索、麻袋等。

榔榆树形古朴，在园林、庭园里常与亭榭、山石相配，因耐湿而栽于水畔。它亦是苏派盆景的重要品种之一，若是老桩盆景，根茎苍古，浑厚有力，最耐欣赏。

这样低调内秀的榔榆怎能不讨人喜欢？你看，是不是刚好印证了那行诗句——喜欢一个人，始于颜值，陷于才华，终于人品？

复羽叶栾树

Koelreuteria bipinnata Franch.

无患子科	栾树属	落叶乔木或灌木	花期 6–8 月 果期 9–10 月

春的绿叶，夏的黄花，秋冬的红果。一棵栾树，三色，四季。

美学家蒋勋在《此时众生》里说：“像栾树这样的植物，它的花儿是害羞谦逊的，它所有的力量和美貌都在彰显着孕育的喜悦。”

苏州绝大多数栾树都属于复羽叶栾树，它枝繁叶茂，树形秀气，平衡而美丽，是苏州主要的行道树之一。夏日里，栾树开花了，金灿灿的细小花朵生满枝头，一簇簇，一团团，花瓣中间一抹红晕，像极了害羞的小姑娘的脸。

夏去秋来，地上逐渐铺满金花，此时栾树叶子慢慢变得鹅黄，枝头又结出累累硕果，由嫩青过渡到粉红，如同一只只纸灯笼般挂着，给人带来丝丝暖意。这小灯笼的形状也甚是有趣，像是三瓣的阳桃，不管从哪一面看去，都是一颗爱心，爱意满满。

寒冬时节，即便是叶子都落光了，这些果实依旧高挂枝头，尽管多半已经风干呈红褐色，却依然成就了另一番意境——寒风吹过，千果百果沙沙作响，演奏起了铃铛般的乐章。

复羽叶栾树的花

杂种马褂木

Liriodendron × sinoamericanum P.C. Yieh ex C.B. Shang & Zhang R. Wang

木兰科	鹅掌楸属	落叶乔木	花期 5 月 果期 9–10 月

马褂木是一种极为古老而珍贵的树种，高可达40米。它的叶子如手掌般大小，形如马褂：顶部平截或微微内陷，酷似马褂的下摆；两侧则有两个较深裂片，仿佛马褂的腰身；叶片两端向外伸出，又如马褂的两个袖子，故而得名。因其形又似鹅掌，人们也叫它“鹅掌楸”。

马褂木的花朵单生枝顶，花开黄绿色，有橙黄色蜜腺，花瓣九片，形状如茶盏，很是素雅沉静。因其花朵的外貌与郁金香有些相似，也有人称马褂木为“中国的郁金香树”。

苏州常见的马褂木，是以中国鹅掌楸为母本、北美鹅掌楸为父本获得的人工杂交种。杂种马褂木有着明显的杂交优势，生长量和适应性都超过了双亲。它的叶形与其母本中国马褂木相似，花色则更为艳丽。因为树形高大，杂种马褂木的美丽一般不为人察觉，若是正逢花期，请一定要好好留意欣赏。入秋后，杂种马褂木枝头会结出红褐色的纺锤形聚合果，由具翅的小坚果组成，每个小坚果内含一两颗种子。

高大雄伟的杂种马褂木，枝叶繁茂，绿荫如盖，花大而美丽，散发阵阵幽香，是城市中极佳的行道树、庭荫树种。它对有害气体的抗性强，还是工矿区绿化的良好树种。

泡桐

Paulownia tomentosa （Thunb.） Steud.

玄参科	泡桐属	落叶乔木	花期 3–4 月 果期 8–9 月

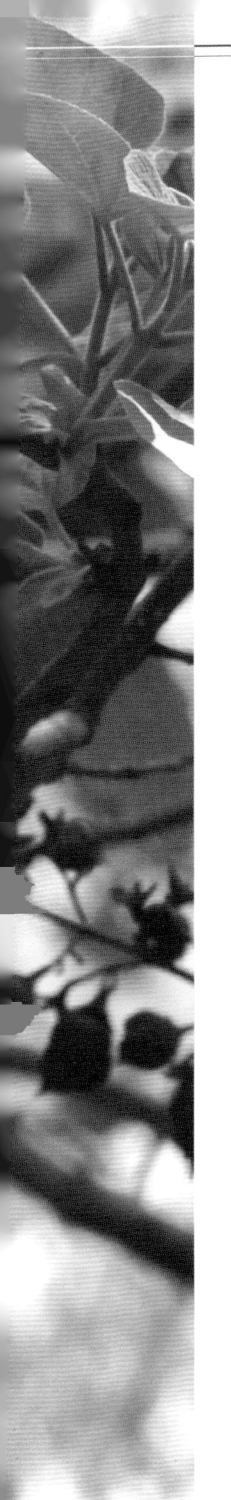

泡桐近年来好像不太受人待见，甚至把它当作杂树来对待。其实苏州城里能够整树开花的大乔木很少，而且只有泡桐像玉兰花一样，先花后叶，一股脑儿开出满树的紫花或白花，轰轰烈烈，绚烂至极。并且，在古代文人的笔下，泡桐特别是泡桐花，也曾经充满了诗情画意。

20世纪七八十年代，苏州城里栽种得很多。房子的东面种上一株紫花泡桐，就有了“紫气东来”之意。现在只要你留心，也能发现它的身影。吴中区沿滨湖大道的绿化带，一路过去有很多泡桐，花开时节，一片紫花，在蓝天的映衬下，绚烂之极。

杨万里诗云：“春色来时物喜初，春光归日兴阑余。更无人饯春行色，犹有桐花管领渠。”桐花是二十四番花信风之清明第一候，是春天的“压尾”、饯行者。晴空丽日下，树丛高处是怒放的桐花，热烈奔放，却又沉静素雅，它不孤芳自赏，而是植根于民间。“客里不知春去尽，满山风雨落桐花”（宋·林表民诗），桐花一面盛开如锦，一面又不停纷纷飘落，地上如铺茵褥。

泡桐树皮、叶花、果实皆可入药，味苦、性寒，具解毒祛风、消肿止痛、化痰止咳之功效。另外，据说以其叶、花饲猪，易肥大且不易生病，因其花、叶富含淀粉、粗蛋白等营养物质。

山茶

Camellia japonica Linn.

山茶科	山茶属	常绿灌木或小乔木	花期 11 月 –4 月

东山紫金庵粉嫦娥彩

天寒地冻之时，山茶却吐露着芬芳，不经意地温暖着人心。作为中国十大名花之一，山茶的栽培历史可追溯到三国蜀汉时期，古称海石榴。古人喜山茶，谓之有“十德”：寿长、杆高、花好、皮润、枝美、形奇、叶茂、耐寒、长开、适插。

山茶品种丰富，约一万多种，一花万面，让人始终保持新鲜感和期待心。传统山茶名品辈出，十八学士、六角大红、赤丹、状元红、绯爪芙蓉……光听名字就可知其美艳。其中有一种杜鹃红山茶，由于稀有和引育较为困难，被列为国家一级保护植物，称为“山茶大熊猫”。不过现已引育成功，广为栽培。每年 5 月开花，可持续至次年 2 月，被誉为“四季茶花”，改变了千百年来盛夏无茶花绽放的历史。

山茶的花型花色，“挟桃李之姿”“由浅红以至深红无一不备”。山茶花浓妆淡抹总相宜，浅色者，“如粉如脂，如美人之腮”；深色者，“如朱如火，如鹤顶之朱”。李渔在《闲情偶寄》中盛赞山茶，称其“戴雪而荣”，可见其高尚品格，这也是自古以来文人骚客钟情于山茶的原因。山茶在苏州早有栽培，一直是园林里的主栽植物。东山紫金庵内有一株 150 年左右的粉嫦娥彩，树干直径达 20 厘米；西山雕花楼里有一株 100 多年的白嫦娥彩，花色白中带彩，十分别致。

7 世纪初，日本遣唐使从大唐引种了山茶花品种，还起了一个更有趣的名字，叫“椿花”。有一首俳句说：“椿花落了，春日为之动荡。”山茶的凋零，常是在开到最旺盛的时候，突然整朵连着花托一起掉落，这种决绝之美，让人动容。

美人茶，又名单体红山茶，是由中国的山茶传入日本后选育得到，再从日本引回的山茶品种。花期比普通山茶早，从 11 月开始，一直开花至翌年的 3 月，跨越秋、冬、春三季。粉媚的花瓣伴着嫩黄色的花蕊，简约而多姿，别有韵致。如今耦园内有 2 株美人茶古树，沧浪亭内也一株 200 多年的美人茶，它们总会如约赴花期。

石楠			
Photinia serrulata Lindl.			
蔷薇科	石楠属	常绿小乔木	花期 4–6 月 果期 10–11 月

在光福永慧禅寺后门，有一株800多年的石楠，扎根于岩石缝中，紧贴陡峭的石壁，如苍龙卧伏，盘桓而上，直至崖顶，伸展出一片翠绿。

石楠，又名千年红、扇骨木，枝叶繁茂，叶子革质长椭圆形，尾部尖尖的。石楠花色洁白，如霜扑面，密密麻麻簇拥着像小伞一样，花中一抹黄蕊，花柱细长精致，十分典雅。

难怪白居易有诗《石楠》曰：“可怜颜色好阴凉，叶翦红笺花扑霜。伞盖低垂金翡翠，熏笼乱搭绣衣裳。春芽细炷千灯焰，夏蕊浓焚百和香。见说上林无此树，只教桃李占年芳。”

金秋时，石楠结果了。小果如珊瑚珠子般精美，亦是有许多颗凑成伞状，一枝枝生在最顶端，碧叶红果，生机勃勃，观赏性极强。

石楠属的杂交种叫作“红叶石楠”。木如其名，一年四季皆为红叶，尤以春秋两季观赏效果为佳。正所谓“石楠红叶透帘春，忆得妆成下锦茵”，甚美。

石楠的叶与根可供药用，有利尿、镇静解热之功效。它木材坚密，可制车轮及器具柄。此外，石楠种子还能榨油，可供制油漆、肥皂或润滑油用。

石楠的果实

二球悬铃木

悬铃木，因每个果枝的果球数量不同，常分为一球悬铃木、二球悬铃木和三球悬铃木。其中，三球悬铃木俗称“法国梧桐”，有“行道树之王”的美誉，是世界著名的优良庭荫树和行道树。

其实“法国梧桐”既非法国原产，亦非梧桐，只因其是20世纪一二十年代由法国人种植于上海法租界内，才叫了这个名字。算起来，法国梧桐“定居”苏州已有大半个世纪了。早在1952年春，人民路、五卅路、公园路、临顿路、观前街、十全街、十梓街等主要街道就进行了试种。如今，五卅路和公园路上的法桐林荫道，依旧美丽迷人。

悬铃木树形雄伟端庄，叶片三角星状，似鹅掌，叶大荫浓，树姿优美。夏季，骑行在这样绿荫如盖的大道上，便不觉得热了，丝丝微风拂面，反而能感到一阵凉爽。秋后，这路边的树慢慢结果，碧绿的大叶下总是垂着褐色毛球，三六成串，很是可爱。

悬铃木			
Platanus			
悬铃木科	悬铃木属	落叶大乔木	花期 4–5 月 果期 9–10 月

八角金盘

Fatsia japonica（Thunb.）Decne. et Planch.

五加科	八角金盘属	常绿灌木或小乔木	花期 11-12 月 果期 翌年 4 月

八方来财，聚四方财气，更上一层楼。有这样寓意的绿植，谁人不喜？它就是八角金盘。

八角金盘四季常青，叶子碧绿油亮，大而似掌，裂叶约有 8 片，因看起来有 8 个角而得名。初冬时，它开的花好像一个个小白球，花序呈圆锥状立于枝头，十分别致。

这些雪白的圆球虽然颇有颜值，却总是会吸引三五成群的苍蝇、食蚜蝇等来吮吸花蜜。因为开花时节气温太低，很多昆虫都已进入了蛰伏期。作为虫媒花，八角金盘就只能让苍蝇等成为它传宗接代的“媒婆”了。

“冬花春实”，来年四五月份，八角金盘就会结满紫黑色小果，这些浆果正好为鸟儿提供了果腹的食粮。由此可见，八角金盘也是生态链的重要一部分。

八角金盘有着良好的耐阴性，如果阳光过于强烈、气温相对炎热，反而生长不好，所以林荫下、高架桥下就成了八角金盘最常见的地方。另外，八角金盘能够净化空气，是居家、厅堂及会场陈设常用的绿化观叶植物。

八角金盘性温味辛、苦，叶、根皮可入药，具有化痰止咳、散风除湿、化瘀止痛之功效，主治咳喘、风湿痹痛、痛风、跌打损伤等。

五二
— 垂丝海棠 —

“秾丽最宜新著雨，娇娆全在欲开时。”（唐·郑谷《海棠》）一场春雨过后，青翠欲滴的绿叶间，含苞待放的海棠花似眉睫带泪，娇羞可人，让人不禁想携了这美人去，却又怕折疼了她。

素有“国艳”“花贵妃”之美誉的海棠，为二十四番花信风春分第一候，是春天的象征。海棠窈窕春风前，虽娇媚却不娇气，风骨铮铮，适应性很强，“也宜墙脚也宜盆”。据记载，南宋初年，海棠就成为苏州园林配置的常见树种。明代《群芳谱》记载，“海棠四品”为西府海棠、垂丝海棠、木瓜海棠和贴梗海棠，皆为木本。

拙政园里有一处“海棠春坞”，海棠纹铺陈的院地，疏落地栽着海棠二本，翠竹一丛，天竹数枝，与太湖石一起，依着白壁，这一份惬意让人心生欢喜。这里的海棠便是“垂丝”，一树千花，色如胭脂，婀娜含娇，朵朵弯曲下垂，在微风中飘飘荡荡，温柔鲜媚至极。明朝的文震亨就说“余以垂丝娇媚，真如妃子醉态”，把垂丝海棠喻作华清池中的杨玉环，认为比西府海棠更胜一筹。桃花坞里的才子唐伯虎画过一幅《海棠美人图》，并题诗要将“一片春心付海棠”。

春可赏花，秋可观果。垂丝海棠的果实，形圆柄长，一缕缕自然垂累，晶莹剔透，惹人怜爱。海棠果“味甘而微酸”，鲜食、入药、蜜煎、做酱，件件皆宜，且营养价值很高，被誉为“百益之果”。

垂丝海棠			
Malus halliana Koehne			
蔷薇科	苹果属	落叶乔木	花期 4–5 月 果期 9–10 月

白皮松

Pinus bungeana Zucc. ex Endl.

松科	松属	常绿乔木	花期 4–5 月 果期 翌年 10–11 月

白皮松被公认为是世界上最美的树种之一，又名“花边树皮松”“神松”，与长白松、樟子松、赤松、欧洲赤松并称为五大“美人松”，被誉为松树中的“皇后”，是东亚唯一的三针松。

白皮松为中国特有树种，庭园嘉木。以苏州园林为代表的私家园林，如拙政园、留园、狮子林、网师园等都有栽植，树龄均在百年以上。徐霞客曾在游记中赞叹其“鼎耸霄汉，肤如凝脂，洁逾傅粉，蟠枝虬曲，绿鬣舞风”。

白皮松松骨苍劲，树皮斑斓，枝条疏婉，在众多松树中独具清雅之气，与文人的情怀相契，故明清时备受士人青睐。明文震亨《长物志》中就有“植堂前广庭，或广台之上，不妨对偶；斋中宜植一株”的记述。

除了观赏价值之外，白皮松还具有较高的药用和经济价值。它的果实白松塔，性苦、温，吴门医派往往将其用于治疗咳嗽痰喘。白皮松木材纹理直、轻软，加工后光泽和花纹明显，是建筑和制作家具、文具的优良材料。

丁香
Syringa oblata Lindl.
木犀科
丁香属
落叶灌木或小乔木
花期 4–5 月

"撑着油纸伞，独自彷徨在悠长，悠长又寂寥的雨巷，我希望逢着一个丁香一样地结着愁怨的姑娘……"诗人戴望舒在《雨巷》中这样写着，诗里的丁香是愁怨和迷茫，也是朦胧的希望。

丁香是古典文学中常见的意象，李商隐诗曰"芭蕉不展丁香结，同向春风各自愁"，诗圣杜甫又说"丁香体柔弱，乱结枝欲坠"，或是南唐中主李璟所言"丁香空结雨中愁"……这许多的诗词里，丁香总是带着"愁"的情绪，是美好的，也是柔弱的。

而现实中，丁香花开时气候宜人，花景也是十分美丽，并没有诗词里那般忧伤，反而是热烈的、繁茂的，给人以希望与生命之感。

明代高濂在《草花谱》中描写道："紫丁香花木本，花微细小丁（钉），香而瓣柔，色紫。"丁香花筒细长如钉，花色淡雅，芳香袭人，故名。它通常开紫色或白色小花，紫的叫"紫丁香"，白的叫"白丁香"。花朵多而密，清新素净，枝条柔软，如同一个举止优雅端庄的江南软糯姑娘。

丁香是我国最常见的观赏花木之一，花朵可爱芬芳，常常种植于园林景区，在路边、角隅、林缘等地也是可以见到的，可做盆栽，一些种类也可做花篱。如此好看的花木，实在是赏心悦目，令人心旷神怡。

紫玉兰，古名辛夷、木笔，在中国有着2000多年的栽种历史。《楚辞》中就有“朝饮木兰之坠露兮”“辛夷车兮结桂旗”等名句，足可见其在古代的文化地位。明朱日藩有《感辛夷花曲》：“昨日辛夷开，今朝辛夷落。辛夷花房高刺天，却共芙蓉乱红萼……多情不改年年色，千古芳心持赠君。”

在苏州，紫玉兰早有栽培，明文震亨《长物志》记载，“别有一种紫者，名木笔”，“古人称辛夷，即此花”。

“紫粉笔含尖火焰，红胭脂染小莲花。”（唐·白居易诗）春雨初下，紫玉兰历寒复苏，卵圆形的花蕾日渐饱满；仲春时节，蕾尖松盈，苞开拟绽；春时推移，花蕾脱苞而出，那种累积沧桑后的绽放，让人惊艳无比。紫玉兰花型大且美丽艳逸，花瓣外紫内白，风情娇艳，气味幽香。紫玉兰花叶同开，但蕾放快于叶茂，花开艳丽怡人后亦有绿盖如荫。

紫玉兰花初出时尖锐如立着的毛笔，若是想夸赞一个人的文采，可赠其含苞未放的紫玉兰。紫玉兰还有药用功效，其花蕾性温味辛，归肺、胃经。因它辛散温通，芳香走窜，上行头面，善通鼻窍，故为治鼻渊头痛之要药。同时只要适当配伍，它偏寒偏热均可应用，药用价值颇高。

紫玉兰			
Magnolia liliiflora Desr.			
木兰科	木兰属	落叶灌木	花期 3–4 月 果期 8–9 月

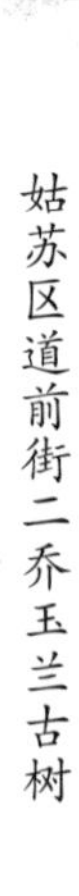

Magnolia × soulangeana Soul.-Bod.

木兰科	木兰属	落叶小乔木	花期 2–3 月 果期 9–10 月

二乔玉兰，也称朱砂玉兰、紫砂玉兰，是白玉兰和紫玉兰杂交培育的品种，它既拥有白玉兰的早花特性，又拥有紫玉兰的艳丽色彩，是早春难得的色、香俱全的观花树种。

“东风不与周郎便，铜雀春深锁二乔。”（唐·杜牧《赤壁》）虽然此“二乔”非彼“二乔”，但这二乔玉兰确实如三国时的美人大乔小乔一般，芬芳典雅，也是倾国倾城的姿态呢。

二乔玉兰花大且绚烂，花先于叶开放，粉紫中带着白，白里又透着紫红，颜色渐变，甚是华丽精致。花朵绽放时又芬芳馥郁、沁人心脾，苏州景区、园林、道路两侧乃至居民小区，皆有种植，数量还不少。

有如此美艳的花朵怒放着，常常引得路人在花树下逗留片刻，拿出手机拍照留念，然后发图感慨，脸上震撼与欣喜之色溢于言表。是呀，这样诱人的景色，使得多少人沦陷其中！

在苏州古城区道前街原清按察使署内，有一株树龄最大的二乔玉兰，已超过300年，生长茂盛，树冠庞大，红朵出墙，绚烂之极。此前，这株二乔玉兰一直被认作紫玉兰，现由专家鉴定，应为自然杂交而成的二乔玉兰。

法国冬青

Viburnum odoratissimum Ker-Gawl.			
忍冬科	荚蒾属	常绿灌木或小乔木	花期 4–6 月 果期 7–10 月

法国冬青，也叫日本珊瑚树。它树形秀丽，枝干挺拔，叶子油光苍翠，常年绿意盎然，特别适合整形修剪为绿墙或绿篱。

暖春时节，法国冬青开出雪白玲珑的小花，一簇一簇藏在叶间，好像片片雪花坠在叶上。经过树下，一阵阵花香扑鼻而来，融在微风里，让人的心情也变得沉静安逸了。

法国冬青 7 月开始挂果，那是它一年中最热烈的日子。满枝闪亮的红色果实，犹如深海里一丛丛美丽的珊瑚珠，璀璨夺目，摄人心魄，恍惚间让人感觉已置身于大海深处，由衷感叹着大自然神奇的力量。

除了优秀的观赏价值，法国冬青还有着极强的绿化功能，对煤烟和有毒气体具有较明显的抗性和吸收能力，是机场、高速路、居民区绿化、厂区绿化、防护林带、庭院绿化的优选树种。

珙桐（gǒng tóng）

Davidia involucrata Baill.

蓝果树科	珙桐属	落叶乔木	花期 5–6 月 果期 10 月

珙桐是1000万年前新生代第三纪留下的孑遗植物，在第四纪冰川时期，世界上大部分地区的珙桐相继灭绝，只有在中国南方的一些地区幸存下来，目前此科没有任何近缘植物幸存，被誉为“植物活化石”“植物大熊猫”，是国家一级重点保护野生植物。

1869年春，法国传教士Father Armand David在四川穆坪海拔2000米的山上发现了一棵开着飘逸白“花”的乔木，这就是珙桐，因此珙桐的属名“Davidia”就是以他的姓氏来命名的。20世纪60年代开始，我国多个城市开展了珙桐引种试验。2008年，珙桐随我国载人飞船“神舟七号”进入太空，进行育种实验。

春末夏初，珙桐花在枝头随风摇曳，宛如飞翔的白鸽，整树犹如群鸽栖息，所以又被称为“中国鸽子树”，寓意“和平友好”。珙桐之美，美在其“花”，但这花其实是花序外面的两枚总苞片。若干朵雄花和一朵雌花或两性花组成的头状花序，也就是说，两片“翅膀”之间那个紫色的小球才是珙桐真正的花。完成授粉以后，雌花会发育成一个状似小梨的核果，于10月成熟，核大且硬，薄有果肉，酸涩不堪食。珙桐的俗名“木梨子”和“水梨子”就是由此而来。

美丽的珙桐可以净化空气，同时还有药用价值——果实取下果皮后可以入药，具有清热解毒的作用；根部是不可多得的中药药材，可止血止泻。

珙桐并不是苏州的乡土树，苏州市植物园前些年曾引种过一棵，可惜未能成活。如今苏州农业职业技术学院内种有一棵光叶珙桐，每逢花期，总是引来无数赞叹。

构树

Broussonetia papyrifera（Linn.）L'Hert. ex Vent.

桑科	构属	落叶乔木	花期 4–5 月 果期 6–7 月

构树，又名楮树、榖树，古人认为“榖，恶木也”。所谓“恶木”，就是指容易活、生长快，不能材用的树，因此，“最贱、易生、易大”的榖树在苏州常被称为“野榖树头”。《洞庭东山物产考》中说“道旁遮阴最佳，因其四围分布，叶大枝繁也”，所以构树其实并非一无是处。

构树雌雄异株，有说叶裂的是雌树，不裂的是雄树，但这种说法不靠谱，构树的叶形多变，或裂叶，或半裂叶，或全缘，无论雌雄。还有说树皮有斑纹的是雄树，皮白的是雌树，究竟是不是，还有待考证。

构树的雌树所结果实，外面是红色的，中间是一个黑色的硬核，吃起来非常甜，被称为“楮桃”；在农村被称作“野杨梅”，常能看到鸟儿啄食；也可入药，名“楮实”或“榖实”。古人认为“楮”“构”只是同一种树在不同地方的别称，或者说是同一种植物因形态变化而引起的异称，现代植物学列为两种树的楮、构，最根本区别是雄花花序，楮树是头状花序，圆的；构树是柔荑花序，长的，也能作为野菜食用。

构树虽然不能材用，但却别有大用，它的树皮是上等的造纸原料，制成的纸洁白光亮；也可以绩布，用来做衣服或帽子，非常耐用。割开树皮流出的白色乳汁入药可以治癣，材用则是制作贴金箔的专用胶水。

广玉兰

Magnolia grandiflora Linn.

木兰科	木兰属	常绿乔木	花期 5–6 月 果期 9–10 月

初夏，是广玉兰一年中最美的季节。高大的枝干上绽放的花朵，硕大貌美，芳香馥郁，那一抹高雅大气，令人赏心悦目。

广玉兰花中有一簇淡黄花药点缀，远观如同树上开满了清雅的白莲，这种“可远观不可亵玩”的花儿，也被称为“树上的荷花”。广玉兰叶大如扇，其质感也让人惊叹不已，墨绿的皮革质厚叶宛若涟漪，阳光下油光闪亮。

作为著名的庭园观赏树种，广玉兰原产于北美东部，后由人工引种到国内栽培。和白玉兰先花后叶的特点相比，广玉兰有花有叶，绿白相间，非常养眼。秋季果实成熟开裂后可见鲜红色种子，颇为靓丽。

广玉兰引进中国的时间不算太长，主要是在清末民初，因此很多民国建筑中都种有广玉兰，这或许是当时的风尚吧。苏州城区的广玉兰古树也较常见，比如十全街、白塔路、人民路上，都能见其身影。亭林公园内的琼花王东西两侧各有一株广玉兰古树，依了古人“玉环飞燕原相敌”的诗句，别有一番情趣。

广玉兰不仅树姿雄伟壮丽，叶阔荫浓，花似荷花芳香馥郁，还耐烟抗风，对二氧化硫等有毒气体有较强抗性，可用于净化空气，保护环境，是绿化城市的小能手。它的干燥花蕾和树皮可入药，具祛风散寒、止痛之功效，可用于外感风寒、鼻塞头痛、气滞胃痛等症。

此外，广玉兰的木材为黄白色，质地坚韧，可供装饰材用；叶、幼枝和花可提取芳香油；种子还能榨油，经济价值十分可观。

广玉兰的花

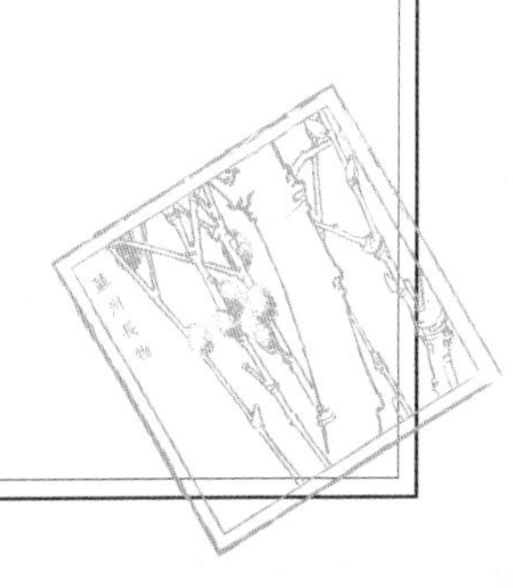

合欢

Albizia julibrissin Durazz.

豆科	合欢属	落叶乔木	花期 6-7 月 果期 8-10 月

合欢特别招苏州人喜欢，光听名字就让人喜上眉梢。传说合欢原是舜帝与娥皇、女英二妃和合后血泪所化生，自此，人们就以合欢表示忠贞不渝的爱情。

小暑节气，正是合欢树在苏州城乡各处举行盛大花会的时节，到那庞大的树冠下避一下暑热，顺便欣赏一地飘落的合欢花。合欢花为扇状，从底部的白色中慢慢洇出水红，向上渐渐逸展，到了花冠则成了一朵绯红的轻云，清香袭人。合欢花日日开，夜夜落；如羽扇、双双对对互生的小叶朝展暮合。

清代李渔说："萱草解忧，合欢蠲忿，皆益人情性之物，无地不宜种之。"合欢能安五脏，和心志，令人欢乐无忧。自古以来，苏州老百姓就有在宅第园池旁栽种合欢的习俗，希望生活更加幸福美满。唐代农学家、文学家陆龟蒙曾幽居苏州临顿路一带，为了解忧，就在园子里种植合欢。人们也常常将合欢花赠送给发生争吵的夫妻，或将合欢花放置在他们的枕下，祝愿他们和睦幸福，生活更加美满。朋友之间如发生误会，也可互赠合欢花，寓意消怨合好。

时至今日，人们仍然喜欢将其栽作庭荫树、行道树、庭院点缀等，它还有一定的抗污染性，是良好的绿化用树。

合欢果实

含笑

Michelia figo（Lour.）Spreng.			
木兰科	含笑属	常绿灌木	花期 3–5 月 果期 7–8 月

含笑真是一种让人一听名字就想看一眼的花木，南宋诗人杨万里在其诗作《含笑》里写道："大笑何如小笑香，紫花不似白花妆。不知自笑还相笑，笑杀人来断杀肠。"诗人用幽默诙谐的口气打趣道，真不知含笑是自己笑呢，还是对着别的花笑，真是快把人笑岔气了。

确实，含笑含苞待放时最香，花瓣一张开，香气就散走了。含笑苞润如玉，花瓣淡黄，边缘时红时紫，整个花朵半开半闭，如端庄的美人含蓄一笑，故而得名"含笑"。含笑花的香，如水果般甜美香浓，也有人说它的气味似香蕉，所以戏称其为"香蕉花"。据《本草纲目》记载，色香俱全的天然植物中，往往含有丰富的营养物质、生物活性成分及天然植物精华，可调配出各种各样美容养生的花草茶。其中，含笑就具有抗氧化、凉血解毒、护肤养颜、安神解郁之功效。

可爱的花朵、沁人的香气、优雅的外形、碧绿的枝叶，含笑因此成为花叶兼美的观赏性花木，素来受人们喜爱。它含蓄、矜持、纯洁、端庄，似温婉的女子莞尔一笑，使人久久不能忘怀。

红豆杉

Taxus chinensis（Pilger）Rehd.

红豆杉科	红豆杉属	乔木	花期 2-3 月 果期 10-11 月

红豆杉又称紫杉，也称赤柏松，是第四纪冰川遗留下来的古老孑遗树种，在地球上已有250万年的历史。1994年，它被我国列为一级珍稀濒危保护树种，也被全世界42个拥有红豆杉植物的国家誉为“国宝”，联合国亦有明令禁止采伐，可谓植物界的“大熊猫”。

这种乔木属浅根植物，在自然条件下生长速度缓慢，再生能力差，因此在世界范围内还未有大规模的红豆杉原料林基地。红豆杉不是苏州的乡土树种，只在园林和植物园有引进栽种。

红豆杉树形美丽，叶子排成两列条形，微弯，先端渐尖；早春开淡黄色花，秋季叶条上结出许多红色小果，像极了小番茄，里头还生着跟橡果似的小种子，极有趣。

20世纪80年代，欧美科学家发现野生红豆杉的树皮可提取“紫杉醇”，这是一种抗肿瘤活性成分，对肺癌、食道癌、乳腺癌等恶性肿瘤疾病有极好的疗效，另外对肾炎及细小病毒炎症也有明显的抑制作用。从此，红豆杉也被称作“抗癌神树”，是世界公认濒临灭绝的天然珍稀抗癌植物。

接骨木

Sambucus williamsii Hance			
忍冬科	接骨木属	落叶灌木	花期 4–5 月 果期 6–7 月

在欧洲，接骨木是一种富有神秘色彩的植物，被视作“灵魂的栖息地”。《哈利·波特》魔法世界中最厉害的魔杖，便是用接骨木制作而成。

在中国，接骨木有着悠久的药用历史，始载于《唐草本》，其根及根皮、茎叶、花朵均供药用。接骨木具有接骨续筋、活血止痛、祛风利湿之功效，主要用于治疗跌打肿痛、骨折及创伤出血。《国药提要》则记载，接骨木花为“发汗药”。

接骨木有“万灵药”的美称。在欧美国家，接骨木莓（接骨木果实）很早就被用来治疗感冒和发烧，最早可以追溯到公元前的古希腊时代，可以算是欧洲版本的“板蓝根”。

如今在苏城各个村落中，零星可见接骨木的身影，苏州市植物园里也能见到。接骨木的花很小一朵，可爱得惊人，五片花瓣淡白微黄，花蕊俏皮地从花瓣中心的绿点上散发开去，气味香甜。接骨木花叶同出，紧密一簇，形成小伞状，看上去清秀得很。夏末浆果成熟，番茄色的小球，表皮微皱，样子特别有趣。

七八

— 落羽杉 —

落羽杉，与水杉、水松、巨杉、红杉等同为古老的“孑遗植物”。它树形优美，树冠呈圆锥形，高可达50米。其树皮开裂成条状，大枝近平展，小枝下垂，叶条形、扁平，如同一片片翠绿的羽毛，极为秀丽。

秋冬季节，落羽杉开始变装，完成从翠绿、金黄到橘红的渐变，最终定格于那一抹醉人的火红。成片的落羽杉在阳光的照耀下，形成一道独特的风景线，远看如一幅美妙的油画。

落羽杉耐低温、耐盐碱、耐水淹，它的树干挺直，靠近地面的基部却膨大如酒瓶，这种结构被称为支持根。最特别的是，落羽杉还有千姿百态屈膝状的呼吸根，这让它们能生长于浅沼泽中或排水良好的陆地上，起到保持水土、涵养水源的作用。

落羽杉秋日结果，每颗小球上皆有明显纵纹，很是特别；种子则是鸟雀、松鼠等野生动物爱吃的食物，因此这种树木对维护自然保护区、生态保护区生物链也有非常大的贡献。

<table>
<tr><td colspan="4">落羽杉</td></tr>
<tr><td colspan="4">Taxodium distichum（Linn.） Rich.</td></tr>
<tr><td>杉科</td><td>落羽杉属</td><td>落叶大乔木</td><td>花期 5 月
果期 10 月</td></tr>
</table>

木瓜

Chaenomeles sinensis（Thouin）Koehne

蔷薇科	木瓜属	灌木或小乔木	花期 4–5 月 果期 9–10 月

“投之以木瓜，报之以琼瑶，匪报也，永以为好也”，《诗经》中这要以美玉回赠的木瓜，并非我们在市场上常见的水果木瓜，而是我们先秦时期就栽种的一种果树——木瓜所结果实。

自古人们就喜食木瓜，渍法、蒸法、煎法、捣汁等，方法多种多样。《农政全书》中就记载了一种蜜渍之法，读来就让人垂涎欲滴：“先切皮，煮令熟，着水中，拔去酸味，却以蜜熬成煎，藏之，又宜去子烂蒸，擂作泥，入蜜与作煎，食用。冬月尤美。”木瓜还可药用，具舒筋活络、和胃化湿之功效。

木瓜花美，却无意争春，总让人有一种“偶遇”的感觉：原来你也在这里呀。木瓜花单生于短枝端，像极了小姑娘害羞的脸庞，花中点缀着淡黄花蕊，显得俏皮、活泼，又特立独行、不与世争。难怪北宋诗人王令有诗《木瓜花》曰：“簇簇红葩间绿荄，阳和闲暇不须催。天教尔艳呈奇绝，不与夭桃次第开。”金秋，木瓜结果了，满树暗黄椭圆的果实，芳香四溢，令人垂涎。稍大些的果子能有两斤重，挂在枝头沉甸甸的。

木槿

Hibiscus syriacus Linn.

锦葵科	木槿属	落叶灌木	花期 7—10 月

“仲夏之月，木槿荣。”（《礼记》）每到江南闷热的黄梅天，木槿花就开始热情绽放，或白或粉红，有单瓣、重瓣之分，娇小而色艳，绵延百日，一直开到金风送爽的10月。

木槿的花期虽然漫长，但是单独一朵花每天迎着朝阳盛开，到了傍晚就会凋谢，晨暮之间便释放了一生的美。所以木槿花又有一个诗意的名字：朝开暮落花。毕业临行时，同学们总会寄语“木槿昔年，浮生未歇”，意思就是要珍惜美好的过去。

《诗经》说：“有女同车，颜如舜华。”这里的“舜”也是木槿花最初的名字之一。古书中用木槿比喻美女容颜，足见古人对木槿花之推崇。“舜”字同“瞬”，也是形容木槿花开只一日的特点。虽然每朵花开只有一日，但木槿不会让你感伤，因为树上似乎没有少过一朵花，只是旧貌换了新颜，仍旧那么蓬勃、热烈，仍旧是一树的繁华。

木槿和柳树一样，扦插极易成活，古人说“断植之更生，倒之亦生，横之亦生”，再也没有比它容易活的树了。木槿花是韩国的国花，特指单瓣红心系列的品种，在韩国别称为“无穷花”和“无极花”，都是赞颂木槿花的强韧生命力。

木槿花富含有皂苷，和皂荚一样，能作为“肥皂”使用，以前苏州人经常采了用来洗头。木槿花还可以食用，一般采摘木槿花的花蕾，可炒可炸可煮汤，还可以晒干做木槿花茶。

女贞

Ligustrum lucidum Ait.

木犀科	女贞属	常绿乔木	花期 5–7 月 果期 11–12 月

女贞，苏州常见的绿化观赏树种，高可达15米。李时珍在《本草纲目》中是这样描述女贞的：“此木凌冬青翠，有贞守之操，故以女贞状之。”

这种乔木一年四季都是绿意盎然的，永远是生机蓬勃的形象。它朴素无华，树皮灰褐色，叶革质而脆，呈椭圆形，叶脉分明。若是摘一片夹在书中，可经五七日也不枯萎。

黄梅时节，江南落雨纷纷，这会儿正逢女贞的花期，嫩黄色的花蕾呈顶生圆锥花序，始开乳白色的小花，成串地探出枝叶间，清新悦目，还带着淡雅清纯的芳香。繁花过后，女贞开始结果，花多果多，椭圆形的果实一长串一长串地压弯了枝头。它们先青后绿，经过秋冬的风雨，转而为红色，最后染成紫红或蓝黑色，像一颗颗微小的葡萄串在枝头，特别热闹。

成熟的女贞果实晒干后，在中药上称为“女贞子”，性凉，味甘苦，可明目、乌发、补肝肾。据《本草经疏》记载：“女贞子，气味俱阴，正入肾除热补精之要品，肾得补，则五脏自安，精神自足，百病去而身肥健矣。”

女贞还是净化环境的尖兵，特别是对剧毒的汞蒸气污染相当敏感，一旦受熏染，叶、茎、花冠、花梗等会变成棕色或黑色，严重时还会掉叶落蕾。

因与娑罗树一样有着七片复叶，不少寺院就将七叶树作为娑罗树的替代树。

宋代欧阳修曾在《定力院七叶木》诗中写道："伊洛多佳木，娑罗旧得名。常于佛家见，宜在月宫生。"此外，卧佛寺乾隆御制碑有诗句："七叶娑罗明示偈，两行松柏永为陪。"香山寺乾隆御制碑亦有诗曰："豪色参天七叶出，恰似七佛偈成时。"久而久之，七叶树也就成为有佛缘、有灵气的大树了。

七叶树树冠圆球形，高可达25米。掌状复叶，小叶纸质，呈长圆披针形，边缘有细微锯齿，一枝由5—7片小叶组成，故名"七叶树"。初夏时节，七叶树开白色小花，像麦穗一般结在枝头，随风摇曳，很是生动。金秋时，七叶树的果实成熟了，外壳乍看去像干龙眼，掰开后果肉则如同栗子，因此七叶树也被称作"猴板栗"。其种子味甘、性温，理气宽中，和胃止痛，可治肝胃气痛、脘腹胀满、经前腹痛、痢疾等症。

除药用外，七叶树皮、根还可制肥皂，叶、花可做染料，种子亦可提取淀粉、榨油。其木材质地轻，亦可用于造纸、雕刻、制作家具及工艺品等。

七叶树			
Aesculus chinensis Bunge			
七叶树科	七叶树属	落叶乔木	花期 4–5 月 果期 9–10 月

梧桐

Firmiana simplex（Linn.）W. Wight

梧桐科	梧桐属	落叶乔木	花期 7 月 果期 11 月

“青桐有佳荫，株绿如翠玉。”（明·文震亨《长物志》）梧桐，又名青桐、碧梧，树干青翠挺拔，树叶繁密巨大，最宜栽在庭院中，常与松竹相伴。从春秋时期吴王离宫的梧桐园，到明代拙政园的梧竹幽居亭，哪朝哪代的风雅都缺不了它。

“凤凰之性，非梧桐不止”的圣洁美好；“东西植松柏，左右种梧桐。枝枝相覆盖，叶叶相交通”的忠贞不渝；“寂寞梧桐深院锁清秋”的凄清惶惑……如今看来平常的梧桐树，在我国悠悠史河中，却寓寄着人们丰富而复杂的情愫。

不过，老百姓并不在意这梧桐到底是嘉木还是愁物，唯独关心那喷喷香的梧桐子。“真珠缀玉船，梧子炒可供”（宋·范成大诗），每当初秋，金风乍起，边缘缀满梧桐子的果荚就如片片玉舟般飘然而下，孩子们捡着，总还忘不了树上仍挂着的，扯着大人拿着竹竿将一树的梧桐子打落，兜得满满的，欢欣雀跃地跑回家让奶奶炒熟。剥一粒，吃一粒；吃一粒，香一粒。这满满的香气和捡拾的快乐是旧时苏式慢生活中的一道风景。

梧桐木质“直上、无节、理细、性紧”，“干，琴瑟材”，苏州人也用来做乐器。除此之外，梧桐木在苏州还有两种用处，一是用它的刨花来浸制刨花水，涂在头发上定型增光；一是劈小了当香烧，据说香味像檀香。

梧桐什么都好，就是容易长一种叫“木虱”的虫子，这虫子的分泌物就像白絮一样，漫天飞舞，像是下了场“桐雨”，虽然看着浪漫，却常常会迷着行人的眼睛，还会引起过敏和呼吸道疾病，所以大家一定要做好保护措施。

深山含笑

Michelia maudiae Dunn

木兰科	含笑属	常绿乔木	花期 2–3 月 果期 9–10 月

深山含笑，又名光叶白兰、莫夫人玉兰，是我国特有的树种。树形高大秀美，枝条优雅修长，一树墨绿的革质叶子，十分端庄文雅。

虽然名字中都有“含笑”两字，但深山含笑和含笑不管在树形、花型还是香味上，都非常不一样。深山含笑是乔木，身形高大，花似玉兰，大而白；而含笑是小灌木，身形小巧，花也是小而微黄。

早春时节，深山含笑就开花了，但其实当花开一点，还簇拥着花苞的那个时候，是深山含笑最好看的时候。或许这也是它名字中带有“含笑”的原因吧。深山含笑像身着素色旗袍、温文尔雅的秀丽佳人，仰面含笑，赏着春光，任暖风拂面，沉静而曼妙。它满树洁白的花朵，花大而清香，显得落落大方，常引得路人驻足，感叹其如玉般的美好。

深山含笑有很高的中药价值，其花与根皆可入药，味辛、性温，具有散风寒、通鼻窍之功效。深山含笑的经济价值也极高，它纹理直通，木质好、结构细、易加工，是用来制作家具的良好材料。另外，其植株含丰富的天然精华，亦可以提取芳香油。

深山含笑不是苏州的乡土树种，近年来引进种植后，已成为苏州的重要绿化树种之一。

水杉

Metasequoia glyptostroboides Hu et Cheng

杉科	水杉属	落叶乔木	花期 2 月 果期 11 月

水杉是世界上珍稀的孑遗植物，有“活化石”之称。早在中生代白垩纪，地球上就已出现水杉类植物，并广泛分布于北半球。冰期以后，这类植物几乎全部绝迹。因此，它对于古植物、古气候、古地理和地质学以及裸子植物系统发育的研究均有重要的意义。

水杉树形高大，高可达35米，胸径可达2.5米，多生于山中地势平缓、土层深厚的湿润处，或是临水边。林中一排排挺拔的水杉，气势磅礴，直耸云间，如同一支支训练有素、昂首挺胸的禁卫军。

这种乔木树干基部非常膨大，树皮灰色，常常呈长条状脱落，内皮淡紫褐色，枝斜展，小枝下垂，侧生小枝排成羽状，颜色鲜翠欲滴。待到谷物满仓、硕果累累的时节，它的羽叶则渐变成橙黄、深红，山间叠翠流金，尽显浓浓秋意，满树羽叶随风起伏晃动，似水般温柔。

除观赏价值外，水杉还具有较高的经济价值。它边材白色，心材褐红色，材质轻软，纹理直，结构稍粗，是可用于建筑、板料、造纸、制器具、造模型及室内装饰的良好木材。

四照花

Cornus kousa subsp. chinensis（Osborn）Q. Y. Xiang

山茱萸科	山茱萸属	落叶小乔木	花期 5–6 月 果期 8–9 月

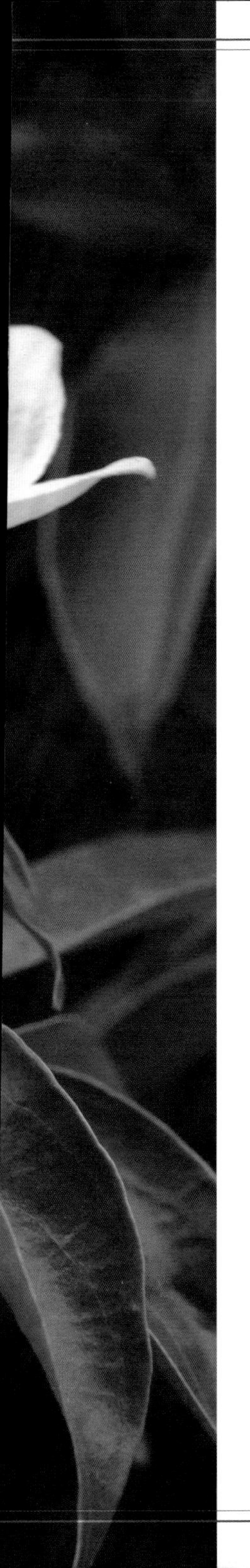

四照花，因花序外有两对黄白色花瓣状大型苞片，光彩四照而得名。

“璇题衙目三休阁，宝树沿云四照花。”（宋·宋祁诗）江南梅雨季，绵绵细雨，雾霭重重。此时四照花开了，四枚花瓣状的苞片平展开来，温润洁白，二三十朵生于小枝顶端，密密麻麻如同一群落入凡间的白色精灵，交头接耳，探讨人间唯美的初夏。

四照花姿态端庄优美，树冠圆整呈伞装，树皮暗灰，叶片青翠透闪，入秋则变红，光亮而热烈。它的果实外形酷似小荔枝，到了成熟时节满树硕果累累，挂在枝头一摇一晃，可可爱爱，因此又被称作“山荔枝”。这果子酸甜可口，营养丰富，能用来鲜食、酿酒或制醋。此外，其花果入药还可补肺暖胃、通经活络，鲜叶敷伤口，则可消肿。

春季碧叶满枝，夏日繁花如蝶，秋天红果丰盈，初冬赤叶点睛。不论是姿叶，还是花果，四照花都相当秀丽出众，是十分优秀的观赏与绿化树种。所以虽然它不是苏州的乡土树种，却被引入用于绿化和庭园装饰中。

— 溲疏 —

溲疏，这两个字谁都认识，但组合起来，却让人感到有些陌生。名字初识有些古怪，但多读几遍，却有了空灵禅意，文雅而有书卷气。

溲疏初夏开白花，洁白素净，细嗅有淡雅的清香，可谓“肌肤若冰雪，绰约若处子”。单瓣品种花开星状，团簇盛开，花满枝头；重瓣品种更似白樱花般绚丽壮观，曼妙动人。

溲疏的根、叶、果均可以药用。“溲”意为尿，“疏”为疏导顺畅，“溲疏”本意为利尿。民间用作退热药，但其有毒，应慎用。

溲疏			
Deutzia scabra Thunb.			
虎耳草科	溲疏属	落叶灌木	花期 5–6 月 果期 8–10 月

蚊母树

Distylium racemosu Sieb. et Zucc.

金缕梅科	蚊母树属	常绿小乔木或灌木	花期 3—4 月 果期 8—10 月

蚊母树，别名蚊母、蚊子树等，据称为我国特有树种，故又称“中华蚊母”。稍加留意，你会看见蚊母树碧绿、肥厚的叶子上有像小豆子一样的凸起物，它们叫作“瘿瘤”，也叫“虫瘿”。古书《唐国史补》中记载：“蚊子群飞，唯皮壳而已。”意思是说，蚊母树上萦绕的蚊子都是由皮壳（虫瘿）而来，所以就给这种植物起名“蚊母树”。

实际上，这种虫瘿是由蚊母树上特有的一种蚜虫造成的。每年11月，蚜虫会在蚊母树的叶芽内产卵，叶芽萌动时，卵开始孵化成幼虫，幼虫刺吸叶片，叶片受到幼蚜虫分泌物的刺激，就会形成我们看到的一个个“泡泡”。可以放心的是，这种“泡泡”只是蚊母树面对刺激的一种本能反应，它们的存在对我们没有任何不利的影响。

3月初，蚊母树开花了，星星点点的小红花点缀在绿叶丛中，让人眼前一亮的感觉；5月，蚊母树树枝间密密匝匝长出真正的卵圆形果实，先端尖，外面有褐色星状绒毛，憨态可掬。因为对烟尘和多种有毒气体具有较强的抵抗能力，蚊母树还是一种适合用于改善生态环境的优良树种。

苏州留存的蚊母古树只有一株，在苏州农业职业技术学院内，树龄已有100多年。

喜树

Camptotheca acuminata Decne.

蓝果树科	喜树属	高大落叶乔木	花期 5–7 月 果期 9 月

喜树，别名旱莲，《植物名实图考》说其“秋结实作齐头筒子，百十攒聚如球，大如莲实”。喜树的果实属于角果，形状很像莲子，故此得名。以前人们在门前栽种喜树，以此讨喜。

喜树树干笔挺，树冠层层舒展，远望宛如一十二品莲台，可谓是树中的“莲花”。那百十“莲子”攒聚起的果球，像是许多迷你的绿色小蕉攒成的球，挂在树上，玲珑可爱。孩子们会在树下捡落下的小球，它们有时会在跌落时散开，变成一个个迷你小蕉，有时却又维持着原样。

喜树的花很特别，同一个头状花序内的花性别不同，有雄花和两性花（既有雄蕊，又有雌蕊）之分。白色的花蕊四射，每朵小花外轮 5 枚雄蕊比花瓣长，露在外面，整个花序看起来像个绒球。落花时节，一丝丝地洒落一地，雪白一片。

喜树和苏州渊源颇深。它全株都含有喜树碱，这是一种抗癌药，虽然在云贵等地土药中有应用，但在历代本草中从无记载，不在“国药”之列。直到 20 世纪 70 年代，常熟籍医生郭孝达（1932—1986）在临床实践中将喜树碱用于胃癌患者，取得疗效后才促成了喜树碱被列入国家药典，一直使用至今。

喜树果实

金樱子

每当看见一株黄杨从人家院落中出墙而立，老苏州们总会感叹道：“喔呦，这个房子老早是大人家，你看，黄杨都出了头了！”

像这样的古黄杨，苏州有 150 余株，一株树不经意间显示了苏州的富庶！ 年轻人可能要问了，黄杨长出院墙有什么稀奇的呢？这是因为黄杨生长极其缓慢，古人甚至有“至闰年反缩一寸”的说法。当然，黄杨厄闰只不过是文人的多愁而已，但“出头”的黄杨确实需要年份的积累。

古语云：“千年黄杨碗口粗。”东山古紫金庵内有两株黄杨古树，为建庙时所栽，距今 1500 多年，胸径均不足 100 厘米，树干苍劲有力，是苏州著名古树名木之一。虎丘山冷香阁前也有数株黄杨，虬曲多姿，生气勃勃，姿态优美。

苏州人讲究种“白皮黄杨”，即瓜子黄杨，叶片如同黄埭西瓜子的模样，树干随着树龄增长越发细腻净白，苍虬葱郁，据说种在院子里还能辟火镇邪。

黄杨的果实圆圆的，三个花柱留在上面不脱落，苏州人形象地称其为“三脚香炉”，是旧时小孩们的玩物。暑热炎炎，含饴弄孙的爷爷奶奶们，采摘一把“三脚香炉”，折几根细竹枝，一阵摆弄，这些“香炉”顿时成了一只只“狮子”，引得牙牙学语的孙辈们乐不可支。

俗话说：“鸟中之王是凤凰，木中之王是黄杨。”黄杨木材坚实致密，稍带黄色，常作雕刻之用，尤其是刻印的良品。

黄杨			
Buxus sinica（Rehder et E. H. Wilson）M. Cheng			
黄杨科	黄杨属	常绿灌木或小乔木	花期 3 月 果期 5–6 月

樱桃

Cerasus pseudocerasus（Lindl.）G. Don

蔷薇科	樱属	落叶乔木	花期 3–5 月 果期 5–9 月

樱桃早于百果成熟，有“春果第一枝”之名，又因其外观美丽，在古时被人们誉为“仙果”，跻身贵族果品。《礼记·月令》里记载：“羞以含桃，先荐庙宇。”说的是新鲜的樱桃首先用于祭祀，又叫“荐新”。

樱桃熟了，满枝似雪的花朵褪去，取而代之的是颗颗闪亮饱满、红宝石般的果子，一簇簇挂在枝头，藏在碧翠如玉的叶间，沉甸甸的。摘下一颗咬一口，甜美清爽、水分充足，那真真叫“甘为舌上露，暖作腹中春”（唐·白居易诗）。

樱桃素来受人喜爱，古时人们称其为“含桃”。白居易诗曰：“含桃最说出东吴，香色鲜秾气味殊。”传闻樱桃最先生长在东吴，色香俱全；诗中还有一句“鸟偷飞处衔将火”，说的是鸟儿偷衔它飞过时，好似空中划过一道火焰，可见樱桃生得多么红艳似火。

自古以来，樱桃总是带有一丝浪漫气息，东西方文学都习惯将它与女性之美相结合。在东方，我们将女子的红唇形容为“樱桃小口”；在西方，樱桃则可用来形容少女的眼睛，或是比喻女性的圣洁与美好。

樱桃以富含维生素 C 而闻名于世，是世界公认的“天然 VC 之王”和“生命之果”。

苏州有条十梓街，源于古代曾为苏州府署所在，又有古诗“太守署前树十梓”之故。其实十梓街上并没有梓树，苏州市第四中学内倒是有一株树龄100余年的古梓树。

梓树也叫黄花楸，可知梓树和楸树的花是多么像了。它们的花型都是吊钟状，花冠内部都有散点和两条带状黄色的线纹。“楸粉梓黄”，只要记住楸树花是粉色，梓树花是浅黄色，就很容易分辨了。秋冬时分，梓树枝条俯垂，细细长长的果实团簇在枝头，煞是好看。

早在西周，梓树就被人们栽于住宅、庭院和乡间道路上。据记载，北宋时期，梓树就已是苏州的重要经济物种，有了一定规模的栽培。“乡禽何事亦来此？令我生心忆桑梓。”（唐·柳宗元诗）古人的门前屋后多种有桑树和梓树，桑树养蚕，梓树治病。“维桑与梓，必恭敬止”（《诗经·小弁》），因为是父母所栽，所以子孙都要敬梓恭桑。古人最早用“桑梓”一词代指父母，后来便演化为代指故乡。

梓树木材质地坚实，耐朽耐湿，还不会生虫，所以自古以来，人们就以梓树为百木之长，尊其为“木王”。除了入药治病和做家具之外，梓树还有些特别的用途。古代制作古琴有“桐天梓地” 之说，说的就是用梓木做古琴的底座。在雕版印刷流行的年代，梓木常常用来制作印刷用的雕版，后人常用“付梓”来表示书的出版。梓树还可以用来做棺材，《礼记·檀弓上》记有“天子之棺四重……梓棺二” 。后来虽有更好的楠木棺，但棺的名称还是叫作梓宫。

<table>
<tr><th colspan="4">梓树</th></tr>
<tr><td colspan="4">Catalpa ovata G. Don.</td></tr>
<tr><td>紫葳科</td><td>梓属</td><td>乔木</td><td>花期 5—7 月
果期 8—10 月</td></tr>
</table>

紫薇

Lagerstroemia indica Linn.

千屈菜科	紫薇属	落叶灌木或小乔木	花期 6—9 月 果期 9—12 月

酷暑时节，偶而移步户外，可见“盛夏绿遮眼，兹花红满堂”（宋·王十朋诗）的紫薇花如火如荼地开着，也就顿时有了时光倒流、大地回春的惬意。

紫薇，盛开于夏秋少花季节，花期极长，人称“百日红”；又因色艳穗繁，气场够大，也叫“满堂红”。它还有一特性，如果用手轻轻搔它的树干，整棵树会轻微颤抖，仿佛经受不住挠痒似的，所以又有别名“痒痒树”。

紫薇树姿优美，树干光滑洁净，树皮颜色淡，常呈灰白。从6月到9月，紫薇圆锥花序上旧花才败，新花又开，花期不断。因此常常能看到树上繁花似锦，树下也落花满地的景象。杨万里也作诗赞誉：“谁道花无红十日，紫薇长放半年花。”

早在1000多年前，紫薇就作为奇花异木遍栽于皇宫、官邸，唐朝开元元年（713）改中书省为紫微省，“紫微”由此成了官职的代名词。白居易当时任中书郎，就写过两首紫薇诗：“丝纶阁下文章静，钟鼓楼中刻漏长。独坐黄昏谁是伴？紫薇花对紫微郎！”“紫薇花对紫微翁，名目虽同貌不同。独占芳菲当夏景，不将颜色托春风。浔阳官舍双高树，兴善僧庭一大丛。何似苏州安置处，花堂栏下月明中。”此外，唐诗中还有一句“妆新犹倚镜，步缓不胜衣”，写出了风中紫薇神形兼备的意态之美。

紫薇花开

山上的树

板栗			
Castanea mollissima Blume			
壳斗科	栗属	落叶乔木	花期 5- 6月 果熟期 9–10 月

民国《吴县志》载，每年中秋节，苏州人“食新栗、银杏、红菱、雪藕之属”。这个时候，苏州洞庭东西山的栗子、白果正好上市，直到现在，大家还是要尝尝新的。

从唐代起，苏州洞庭山就开始大量人工栽培板栗，绵延千载，经久不衰。新中国成立后，经规划，吴县（今苏州吴中区、相城区）成为全国 23 个板栗“万担县” 之一，是江苏省板栗的重点产区。

中国板栗大体可分为南方种、北方种和丹东栗三大品系。苏州板栗属于南方种系，其中以九家种最为著名，人称“魁栗”“蛋黄板栗”，有“十家中有九家种”之说，是板栗中的上品，目前种植面积占苏州板栗生产面积的 60% 以上。常熟虞山也是板栗的传统产地，常与桂花混栽，栗染桂馨，酥糯甘香，世称“麝香囊”。

糖炒栗子一般不用“九家种”，而是用北方的栗子。“九家种”栗子以菜用为主，栗子烧鸡是苏州人的时令美味。苏州人不吃生栗，因为吃了生栗子，据说脖子里会生“栗子筋”。

栗子在苏州还有很多俗语，如苏州人食指曲起敲人的额头，叫吃个“毛栗子”；蛮好一桩事情出现了意外，就叫“冷镬子里爆出个热栗子”。以前在霜降日前一天夜里，苏州人要先把栗子放在枕头边，等到天亮就拿栗子吃掉，以祈求一个冬天气力充沛。

板栗除了种子可食用外，它的全株均可入药，适用于治疗肾虚、脾胃虚寒等。其木质坚硬，是优良的材用树种；树形优美，也是较好的绿化树种。

板栗的果实

板栗树

白背叶

Mallotus apelta（Lour.）Müll. Arg.

大戟科	野桐属	灌木或小乔木	花期 6—9 月 果期 8—11 月

白背叶，因其叶背呈银白色，故名。苏州各处山地，均能见到白背叶，生在深山，与世无争。其叶大似鸭掌，偶见心形，远望成片绿叶层叠有序，在风中微微摆动，安静惬意。夏季白背叶开小黄花，花多，穗状生于叶腋；秋季结果，密密麻麻的黄褐色软毛聚成一柱，挂在枝头，细看其中，则可见黑玛瑙似的小果。

据各家草药集所述，白背叶微苦、涩、平，根叶可入药，用于治疗慢性肝炎、肠炎腹泻、脾脏不适、中耳炎症、跌打扭伤等，同时具有消暑止渴、解表发汗之功效。关于白背叶的附方也有很多，如用白背叶煎水洗，可治皮肤瘙痒；取白背叶鲜叶捣烂后，用麻油或菜油调敷于患处，可治溃疡等。

民间有一道白背叶药膳颇为著名，即用白背叶根煲猪骨汤，可起到疏肝解郁、健脾利水的作用，其汤略带中药味，但醇香可口，尤其适合春季食用。

白杜

Euonymus maackii Rupr.

卫矛科	卫矛属	小乔木	花期 5—6 月 果期 9 月

白杜，又名丝棉木、明开夜合、合欢卫矛等，它最知名的是秋天结出的粉色果实，远观可爱，近看有趣。

白杜果皮成熟后是粉红色，淡淡的像少女羞涩的红晕。果实有突出的四棱角，开裂后露出橙红色假种皮，里面包裹着种子，可以在树上悬挂长达两个月之久，一直持续到初冬时节。

白杜一树红果似瀑布，之后叶片也会变红，红色的叶片有些斑驳的半透明感，甚是好看，着实是观赏红叶的实力选手。相较果和叶的浓烈，白杜的花就清雅了些，淡黄绿色的小花，密密地开在枝叶间，让夏日似乎也没那么烦躁了。

白杜生命力顽强，高可达 6 米。它的枝条柔韧，是很好的编织原料；树皮含硬橡胶；种子含油率超过 40%，可用作工业用油。

白杜的花

白杜的果实

— 白鹃梅 —

虽然名字中有个梅字，但白鹃梅不是梅花，只是因为花型像梅花而得名。苏州的大小山头都能见到白鹃梅的身影，特别在花山、天池山、大阳山和谢宴岭、大禹山、支硎山及灵白线一带，生长茂盛。

白鹃梅未开的花苞如一颗颗珍珠般，圆润晶莹，一串串缀在枝头。花开时，花瓣洁白如雪，阳光下闪耀着绸缎般的光泽，清香氤氲动人。放眼远望，漫山雪色蔚为壮观；凑近了细看，则素净而有仙气。

白鹃梅又名茧子花、金瓜果等，这两个名字朴素，却很好地诠释了白鹃梅的特点：白色的花、果实成熟时金黄色。这种金色的蒴果形状奇特，有五个脊，像个小阳桃。

白鹃梅还有个名字叫“花儿菜”，它的嫩叶、花蕾营养丰富，凉拌鲜食爽口嫩滑，水焯晒干，入汤做馅、炖肉蒸鱼同样味美宜人，是一种待开发的木本蔬菜，但苏州人好像不怎么吃它。

白鹃梅的果实

<table>
<tr><td colspan="4">白鹃梅</td></tr>
<tr><td colspan="4">Exochorda racemosa（Lindl.）Rehder</td></tr>
<tr><td>蔷薇科</td><td>白鹃梅属</td><td>落叶灌木</td><td>花期 4–5 月
果期 6–8 月</td></tr>
</table>

白檀

Symplocos paniculata（Thunb.）Miq.

山矾科	山矾属	落叶灌木或小乔木	花期 5 月起

白檀，为香之木，也是天然树材中无须经过加热，在常温下就能散发香味的少有香木。它的香味自然、柔和、清雅，除了作为雕刻佛像的材料外，还能抽取精油。白檀自古就与佛有缘，所制线香常被用于祭祖礼佛。

白檀生于丘陵山地疏林、灌木丛中，树形优美；花开繁茂，洁白似水晶，玲珑剔透；核果熟时蓝色，甚是特别；再加上奇香氤氲，完美地展现了大自然的造化神工，是春日苏州山林间最好看的野生树种之一，也是极具前景的园林绿化点缀树种。

白檀的材质优良，可用作工业及建筑用材；其根、叶、花和种子可以供药用，有清热解毒、调气散结、祛风止痒的功效，可以用来治疗乳腺炎、疝气、荨麻疹、淋巴腺炎等疾病。

白檀的花

垂珠花			
Styrax dasyantha Perk.			
安息香科	安息香属	落叶灌木或乔木	花期 3–5 月 果期 9–12 月

安息香科的花都是小仙女，颜色清丽素雅，盛开时满树繁花。垂珠花也不例外。

几场春雨过后，垂珠花便开出了莹白的小花，像一个个小风铃挂在树枝上，俏皮可人。近距离观察，会发现每朵花上面密被星状绒毛和星状长柔毛，让人忍不住想触摸。

垂珠花花小而密，高可达8米，树皮灰褐色，嫩枝有星状毛，后变为无毛。垂珠花还有别名“白客马叶”，它的叶子颇具特点，上半部边缘有细齿，可药用，是润肺止咳的良药。

垂珠花的果实特别有趣，密被灰黄色星状短绒毛，平滑或稍具皱纹，非常有质感。因为果实长得像田螺，所以垂珠花又被称为“小叶硬田螺”。这些果实里的种子可榨油，油为半干性油，可做油漆及制肥皂。

垂珠花的果实

冬青，冬月里仍青翠，故而得名。一年四季，冬青都以一副清秀祥和的姿态出现，既不大喜大悲，也不招摇过市。它无惧寒冷，冰雪只会让它更挺拔，浓密的叶片青翠欲滴，几乎可以覆盖住所有的树干，枝枝蔓蔓，向上生长。

冬青不择土壤，也不索求养料，只要把它栽下去，在适当的时候给它浇一下水，便能茁壮地生长。冬青树高丈许，树干深褐色，有着深深的纹路；叶子微窄而头颇圆，边缘还有些小锯齿。5月，冬青会开出紫红色或淡紫色的花，淡雅清纯。

冬青的红果最为动人，这些红果在整个冬季都不会从枝上掉落。万物萧条之际，一树树的红果和绿叶，让人顿觉眼前一亮。路过的鸟儿饥寒交迫时，正好可以红果充饥。也许这就是冬青的花语——生命的真谛吧。其实所有的植物都懂得生命的重要与可贵，它们是有慈悲心的生灵。

冬青的花

冬青			
Ilex chinensis Sims			
冬青科	冬青属	常绿乔木	花期 4–6 月 果期 9 月—翌年 2 月

— 格药柃 —

格药柃，因其花药具多分格，故而得名。四季常青的格药柃，雌雄异株，雄树的花艳丽，花药橘红色；雌树的花清雅，淡绿色。秋冬开花时，雄树上白色小花密密集集地生在红褐的枝条上，散发着淡淡的花香，既精致漂亮，又盛大壮观。最妙的是橘黄色的花蕊包裹在花瓣里，如美人坐花轿。枝头墨绿色的小齿形状叶，叶面似皮革般光亮，微卷，可以“雅”字形容。次年夏季，格药柃的浆果熟了，一颗颗小黑球，长得像蓝莓似的，紧紧粘在枝上。

格药柃喜欢生长在温暖湿润的环境中，苏州各处山地的林中或林缘灌丛中均有野生，吴中区邓尉山山腰杉木林下有两株较大的，穹窿山、天平山一带也多有分布。秋冬时节，一定要去看格药柃花开，那真是不可错过的山野美景。另外，格药柃树皮含鞣质，可提取烤胶，花也是极好的蜜源。

格药柃			
Eurya muricata Dunn			
山茶科	柃木属	常绿灌木或小乔木	花期 9–11 月 果期次年 6–8 月

拐枣

Hovenia acerba Lindl.

鼠李科	枳椇属	落叶乔木或灌木	花期 5–7 月 果期 8–10 月

拐枣古名枳椇，当其果实成熟时，曲里拐弯的果柄肉质可以食用。这果柄模样奇特，自成一派，是枣亦非枣，味甜相近，但大小悬殊。细如根结的拐枣，形若“万”字，故也作万寿果。

据《本草纲目》记载，拐枣“功同蜂蜜”，可生食、酿酒、熬糖。民间常用以浸制“拐枣酒”，少饮可活血、利尿、降血压，被乡人稀罕为酒中的“蜂王浆”。

乡间的老人常说拐枣树是吉祥的树种，它天生一副憨态，颇有福相。春来，拐枣树萌出新叶，树冠如一把油绿的伞，被春风徐徐撑开；初夏，黄绿色的小花在繁茂的树叶间铺展开来，安宁沉静。入秋之后，叶子日渐稀疏，沉甸甸的果子在枝头晃荡，像等着人去采摘。

拐枣木材细致坚硬、纹理优美，是制作实木家具的良材。其果梗、果实、种子、叶及根等均可入药，中药称其果实为枳椇子，具有利水消肿、解酒毒的功效。

拐枣的花

木荷

Schima superba Gardner et Champ.

山茶科	木荷树属	常绿乔木	花期 6–7 月 果期 10–11 月

木荷属大乔木，高可达 25 米，分布在亚热带地区。可能因为太湖独特的小气候，光福官山岭上有约 300 多亩罕见的木荷林，成为其生长繁育的极北地带。1981 年，这里被列为江苏省自然保护区。每年 6 月，一树一树的木荷花竞相绽放，颇为壮观。光福香雪海景区每年这个时候会举办木荷花节，并举办为期一周的木荷花科普活动。

木荷花美，纯白色花瓣，五瓣一朵，亮黄色花蕊，酷似“迷你”白莲，这也是“木荷”名字的由来。花生于枝顶叶腋，常多朵排成总状花序，一簇簇在枝头上摇曳生姿。幽幽清香，随风四处飘散。花瓣在耳旁发出窸窸窣窣的声音，让人不由想坐在树下，听山风，解花语。

木荷结实多，种子轻且有翅，成熟后可在自然条件下飘播百米，“任性”生长，所以常会侵占其他树种的生长空间。因此，虽然木荷稀有珍贵，但为了保持森林生物的多样性，我们在保护的时候一定要科学、理性，千万不能盲目地种植木荷。

火是森林植被的一大克星，但是万物相生相克，身为植物却能胜任“森林防火墙”的莫过于木荷了。木荷草质的树叶含水量有 42% 左右，这超群的特性，使得一般的森林之火奈何不了它。且木荷树冠高大，叶子浓密，一条由木荷树组成的林带，就像一堵高大的防火墙，能将熊熊大火阻断隔离。木荷再生能力强，即使头年过火，次年也能出芽长叶，恢复生机。它既能单独种植形成防火带，又能混生于其他林木中，局部防燃阻火。

木蜡树

Toxicodendron sylvestre（Sieb. et Zucc.）O. Kuntze

漆树科	漆属	落叶灌木或小乔木	花期 5–6 月 果期 10–11 月

木蜡树这个名称的来源跟其果实有关，它的核果光滑无毛，扁平而偏斜。中果皮有蜡质，内果皮坚硬，成熟时淡黄色。蜡质的中果皮可以制作蜡烛，这种蜡烛燃烧时具有火焰无烟的特点，因此，古时候深受人们的喜爱。

木蜡树是我国特有的经济树种，已有1400多年的栽种历史。树高可达10米，树皮灰褐色，初平滑后呈纵裂。木蜡树叶互生，奇数羽状复叶，椭圆状披针形，一入秋就变黄变红，煞是好看。它的花很小，为黄绿色，淡雅可人。

和其他漆属植物一样，木蜡树灰色的树干上密布着褐色的皮孔，树皮上还有“乳汁”，也就是生漆了，里面含有漆酚，在野外不小心接触皮肤后会瘙痒难耐，甚至产生过敏，就是俗称的“漆疮”。生漆虽然对人体有害，但在军工、化工、纺织、轻工等方面是重要涂料，用处极大。

山合欢

因为长在山中，叶子又有点像槐树，所以山合欢又叫“山槐”。

跟合欢一样，山合欢如羽扇、双双对对而生的小叶也会受光照影响而聚合开散，故又名“白夜合”。但合欢的小叶两侧极不对称，像镰刀一般；山合欢的小叶先端圆钝而有细尖头，中脉稍偏于上侧，这憨圆的叶子是山合欢区别于合欢的一个主要特征。

山合欢花跟合欢花一样，也是刷毛状的花蕊，炸裂成绒扇，让人感觉绒绒软软的，所以这一属的植物又被通称为“绒花树”。但山合欢花初开时为白色，后渐变成黄色，这是它与合欢粉红色花冠的最大不同。

山合欢的根和茎皮可供药用，能补气活血，消肿止痛，花与合欢一样，同样有安眠作用，嫩枝的幼叶还可作为野菜食用。

山合欢的花

山合欢			
Albizia kalkora（Roxb.）Prain			
豆科	合欢属	落叶小乔木或灌木	花期 5–6 月 果期 8–10 月

山胡椒

Lindera glauca（Sieb. et Zucc.）Blume

樟科	山胡椒属	落叶灌木或小乔木	花期 3–4 月 果期 7–9 月

阳春三月，在苏州城郊登山踏青时，路旁的林木丛中常会探出一束束嫩黄色的小花蕾，在绿树红花中，特别显眼，那就是山胡椒。山胡椒的叶片也与众不同，正面是绿色，背面却是银白色，并生有柔柔的绒毛，风一吹便泛着银白色的光泽。

待到谷雨时节，枝头的黄色花蕾退去，便长出细嫩细嫩的山胡椒果。这是最贪恋人间烟火气的幼果，它们从不腼腆，也不娇气，非常适合即时下锅。苏州城郊的居民有时会将新鲜的山胡椒果采摘回去，洗净凉拌，味道既辛又辣，带有一股浓浓的苦香，却开胃得很。晒干后的山胡椒果是可搭配多种美食的天然香料，是炒菜提味的极好作料；榨成的山胡椒油，在调味的时候加上几滴，不仅去腥，还能让人食欲大增。

山胡椒具有较高的药用价值。夏、秋采叶，秋采果，根四季可采，鲜用或晒干，皆可入药。山胡椒属五味中“辛”味，属阳，具有驱散风寒、健脾暖胃、益气养血、温补肾阳的功效。

山胡椒的果实

卫矛

Euonymus alatus（Thunb.）Sieb.			
卫矛科	卫矛属	落叶灌木	花期 5–6 月 果期 7–10 月

卫矛的茎上常有四木栓片（木栓翅），状如箭羽，所以卫矛又名箭羽、鬼箭羽。齐国人称箭羽为“卫”，而木栓翅又似矛之刃，于是有了“卫矛”这个名字。

令人好奇的是，这木栓质的翅有什么用呢?有一种解释是，它们可以保证茎的牢固，避免因风吹或动物碰撞而折断。这带栓翅的枝条可入中药，具有行血通经、散瘀止痛之功效。

卫矛枝翅奇特，但花却很低调，白绿色的小花不经提醒都不会注意到，但若是注意到了也会惊诧于它的迷你可爱。深秋时，卫矛四棱的蒴果果皮炸裂，露出颜色鲜红的假种皮，这红果子也是鸟儿们的最爱，常会被吃得殆尽。

入秋后，卫矛的叶子开始变红，9月中旬，就已红得匀称；入冬后，经过风霜的洗礼，叶子的色彩层次更为丰富。这一树的绚烂点缀了萧瑟的冬日，如暖阳温暖了时光。

卫矛的果实

自然界中有一些植物的汁液有毒，沾到皮肤上会引起过敏，甚者会危及生命，盐肤木就是其中的一种，会“咬人”，所以不能轻易碰触它的枝叶，否则可能会导致皮肤发炎。

盐肤木，因其叶上有寄生虫瘿五倍子，所以又名“五倍子树”。苏州各处山地均有野生，穹窿山望湖园至茅蓬坞一带灌丛中较为多见。整树叶密荫浓，枝干密布皮孔和残留的三角形叶痕，被锈色柔毛；边缘有粗锯齿的单数羽状复叶，层层叠叠，在微风中有序摆动，仿佛在向人点头致意。花虽微小，却成串而簇。入秋之后，结出串串红果，煞是妖娆，而此时绿叶也随秋意而红，韵味十足。

据记载，盐肤木味酸、咸，性寒，其根叶、花果皆可入药，具清热解毒、祛瘀止血、舒筋活络等功效。若以之煎水洗，还可消肿散毒。寄生的五倍子，有敛肺涩肠之效，多治肺虚久咳、多汗水肿、腹泻痔疾等，也可供提取单宁用。盐麸子为盐肤木种子，可生津降火、润肺滋肾，善治风湿与眼疾。

除了药用，盐肤木的嫩茎叶还可作为野菜食用，山区老百姓也将其作为天然饲料饲猪。盐肤木花亦是初秋时的优质蜜源，粉蜜丰富。工业上，盐肤木种子可榨油，常用于制造肥皂、油墨、润滑油等产品，而五倍子也是鞣革、塑料等轻工业的重要原料。

盐肤木			
Rhus chinensis Mill.			
漆树科	盐肤木属	落叶小乔木	花期 7–9 月 果期 10–11 月

野鸦椿

Euscaphis japonica（Thunb. ex Roem. et Schult.） Kanitz

省沽油科	野鸦椿属	落叶小乔木或灌木	花期 5–6 月 果期 8–10 月

春夏之际，走在苏州的山间小路上，常能见枝头密密麻麻开着黄白色小花的野鸦椿，似乎并不起眼。到了七八月盛夏，那一树的小花摇身一变为饱满、鲜红的果子。再过些日子去瞧，会发现红色的果皮已经开裂，黑色的种子粘挂着，像满树红花上点缀着颗颗黑珍珠，艳丽夺目。据说，古人觉得这种植物黑亮的、圆圆的籽实像乌鸦的眼睛，所以就叫它“野鸦椿”，有些地方也称之为“鸡眼睛”。

野鸦椿的叶片为奇数羽状复叶，叶面光泽油亮，叶缘有细小锯齿。虽说果子不能吃，但有些地方的人会取食野鸦椿的嫩芽。不过同香椿、鱼腥草一样，野鸦椿叶片的气味绝不是人人都能接受的。

据《植物名实图考》记载，野鸦椿的根、果宜秋季摘采，可入药，有祛风除湿之效。种子榨油后可制肥皂，茎皮和叶子可以当作土农药，实用又环保。

野鸦椿的花

油桐

Vernicia fordii（Hemsl.）Airy Shaw

大戟科	油桐属	落叶乔木	花期 3–4 月 果期 8–9 月

“桐花如雪麦如云”（宋·陈普诗），4月是油桐花盛开的时节，若是山坡上正好有一片油桐树，那远望过去，整个山坡便是“白雪皑皑”。虽然苏州山上看不到如此壮观的场景，但其实单株的油桐就很美。

油桐花似白玉般温润，甚是雅致，花中一抹鹅黄花蕊，近花心处还有一丝丝淡红色脉纹。油桐花是单性同株花，同一棵树有雌、雄两种花，如果感兴趣，你可以捡一朵落下的桐花看看。油桐树干挺拔，朵朵白花下映衬着素绿的叶子，清风袭来，花枝微微摇曳，恍若旗袍佳人缓缓摇扇，温婉娴静。

油桐是我国特有的植物，历史悠久。它高可达10米，表皮呈灰色，十分光滑，因此又称“光面桐”。它的花、叶、根皆可入药，味甘、微辛，性寒，有清热解毒、祛风利湿之功效。

油桐，正如其名，是重要的工业油料植物，它的种子可以榨油，称为“桐油”，曾经是我国重要的外销商品。桐油具有防水防腐的功用。苏州地区多雨，所以门窗的木条木板要用桐油刷，以前用的油布伞、油纸伞，伞面刷的就是桐油。

油桐的果实

云实

Caesalpinia decapetala（Roth）Alston

豆科	云实属	落叶灌木	花期 4–5 月 果期 8–10 月

云实有个外号叫“百鸟不停”，因为它的枝条和叶轴上，有许多不容易看到的倒钩刺，如果想和它来个亲密接触，恐怕稍有不慎，便会被它整得伤痕累累，苦不堪言。

云实生命力极强，常生于林缘、山顶灌丛。苏州天池山山顶有一株巨大的云实树，西山岛的石公山上有云实树株，穹窿山、三山岛的林缘灌丛中也能见到一些。

云实花密，鲜黄夺目，花朵结构奇逸美观，展开如蝶儿飞舞；羽状复叶翠玉纷繁，清丽可人。云实生性比较狂野，枝条经常呈蔓性伸展，具有一定攀爬能力。

“云实满山无鸟雀，水声沿涧有笙簧。”（唐·曹唐诗）云实果实栗褐色，豆荚形，是传说中的仙果，药用价值很高。中医认为，云实味辛、性温，善治感冒咳嗽和各种痛症，“祛寒，治寒凉头痛、身肢痛，亦治跌打损伤，痨伤咳嗽”（《重庆草药》）。然而云实的茎有毒，人误食后可能会引起兴奋狂躁。

乌饭树，又名南烛，古称染菽，其叶子中所含的酸性物质与米饭中的淀粉发生作用，可形成染黑的神奇效果。在江南一带，每年农历四月初八都有做乌米饭的习俗，可以说是一道传统时令美食。

苏州大阳山、穹窿山、五峰山、虞山一带满山遍布乌饭树，每年4月初，附近的村民就纷纷上山采摘乌饭树叶制作乌米饭，直到6月初，“家家皆烹，户户皆食”。乌饭树叶采回家后，切碎、捣烂、榨汁、过滤，混入精选的糯米浸泡上一两天，这样蒸出来的乌米饭清香持久。做乌米饭还有另一种方法：把新鲜采摘的乌饭树叶晒至半干，煮水，然后泡糯米，再把糯米蒸熟。

乌米饭最早出现于唐代，四月初八佛祖诞辰日，老百姓用乌米饭供奉，所以乌米饭又被叫作“阿弥饭”，沿传至今。据说乾隆皇帝南巡苏州时，曾品尝过乌米饭和乌饭粽，赞不绝口，称之为“二乌宝”。据《本草纲目》称，乌米饭可以轻身明目、黑发驻颜，有益气延年的养生功效。

春夏之际，乌饭树的绿叶丛中繁花满枝，很是壮观；近看则花如玉瓶，挤挤攘攘，萌态可掬。乌饭树的果子小小圆圆，呈深紫色，在阳光的照射下泛出红色的光泽，看上去充满诱惑。

由于苏州丘陵土层普遍较薄，乌饭树的根系会深入山石中。有人想将乌饭树带回家，但在挖掘时往往带不上根，加上室内的环境和山区的小气候差别巨大，一般都种不活，所以还是应该让它留在山上愉快地生长。

乌饭树			
Vaccinium bracteatum Thunb.			
杜鹃花科	越橘属	常绿灌木或小乔木	花期 6–7 月 果期 8–10 月

八角枫

Alangium chinense（Lour.）Harms

八角枫科	八角枫属	落叶乔木	花期 5–7 月 果期 9–10 月

八角枫，也称华瓜木、木八角，通常高3—8米，株形优雅大方，小枝略呈“之”字形，幼枝紫绿色。纸质叶片宽大呈掌状，纹络清晰可见，边缘有3—9裂，极似鸭蹼，特立独行。

初夏，八角枫开淡绿小花，幽香阵阵。这些花朵好像一根根微小的丝瓜，总是一簇一簇地垂在枝头，还有橙黄花柱从中冒出，好不有趣。金秋时节，八角枫结果了，这些小球果实起初是淡绿色的，待到它们完全变成了黑紫色，便知果子已经熟透了。

八角枫性辛、温，入药有清热解毒、活血散瘀之功效。其根又名“白龙须”，可祛风除湿、舒筋活络，常用于治疗风湿病痛、四肢麻痹等。

八角枫根部尤其发达，特别适合山坡造林，对涵养水源、防止水土流失有很好的作用。此外，其树皮纤维可编绳索，木材可用于制作家具等。

八角枫的花

檫树是春天的信使，总要迫不及待地唤醒寒冬后睡眼惺忪的山野。它总是一副昂扬向上的姿态，高可超过30米，枝干树干通直圆满。

早春时节，檫树花先叶开放，满树金黄，璀璨夺目。春风十里，不如这一树花开的灿烂。待到檫树绿叶满枝时，郁郁葱葱，似身着碧玉装，又如同活力青春的少年。它的叶形多变，似鹅掌，脉络清晰，鲜翠欲滴。

夏时，檫树开始结果了。果梗淡红色而肥大，果实球形，蓝黑色，表面有蜡质粉，像极了一颗颗闪亮的黑珍珠。晚秋时节，檫树叶红，鲜艳悦目，动人心魄，仿佛它身边的景色也被映成火红的了。

檫树生长快，材质好，是我国南方优良速生用材树种。它木材坚硬细致，纹理美观，有弹性、不翘裂，抗压力强，是优良的造船材料，也是建筑桥梁、家具农具的上等用材。

檫(chá)树			
Sassafras tzumu Hemsl.			
樟科	檫树属	落叶乔木	花期 3–4 月 果期 5–9 月

刺槐

Robinia pseudoacacia Linn.

豆科	刺槐属	落叶乔木	花期 4–6 月 果期 8–9 月

刺槐又名洋槐，这个“洋”字揭示了它“舶来”的身份。刺槐原产于美国东部，17 世纪传入欧洲及非洲，18 世纪末从欧洲引入我国，现在各地都广泛栽植。

刺槐树形高大，枝叶茂密。树冠近卵形；树皮灰褐色至黑褐色；小枝光滑，有奇数羽状复叶，小叶椭圆，根部有一对长刺。深春初夏，刺槐开白花，簇生于叶间，好似一只只洁白的蝴蝶在枝头飞舞，清香绮丽。此花又名“洋槐花”，含有丰富的营养元素，既可以鲜食，也可干制储存；既可单独成菜，也可与其他荤素料搭配。它的花粉营养成分更佳，是优良的蜜源。

刺槐根系浅而发达，是优良的固沙保土树种。另外，它对二氧化硫、氯气、臭氧等化学烟雾具抗性，有很强的滞粉尘、烟尘的能力，常用于工厂、矿区等污染较重的地区的绿化。

此外，刺槐种子含油量较高，是肥皂和油漆的重要原料。树皮纤维强韧有光泽，易于漂白和染色，且含鞣质，可用于造纸、编织、提炼栲胶等。

短柄枹栎

Quercus glandulifera Bl. Var. Br.

壳斗科	栎属	落叶乔木或灌木	花期 4-6 月 果期 8-9 月

短柄枹栎，又名白饭栗，为经济和药食两用植物。它的树皮暗灰褐色，有不规则深纵裂；叶片薄革质，集生于枝顶，呈长倒卵形，叶缘波状粗锯齿形。

春末夏初，短柄枹栎开浅黄色花，呈轴状挂在枝头，有些像穗子，随风晃动，十分柔美。金秋时节，这树结果了。果实外有一个杯形壳斗，它紧紧包着坚果，将果实的一部分好好保护起来了，乍看去跟橡果似的，在四川被称作“橡子”，可做成橡子凉粉，在当地是一道非常美味的菜肴。

短柄枹栎木材坚硬，可做建筑、车辆、船舶、家具等用材，也是优良的薪炭材。此外，它的种子富含淀粉，可供酿酒和制作饮料；树皮可提制栲胶；叶亦可饲养柞蚕。

黄檀

Dalbergia hupeana Hance

豆科	黄檀属	落叶乔木	花果期 7—11 月

春日万物苏醒，独有黄檀迟迟不肯抽枝展叶，常让人误以为其早已枯死，故有别名“不知春”。

“望水檀……春槁夏荣，梅雨过而舒叶”（清·顾震涛《吴门表隐》），黄檀喜水，到梅雨季节，会在一夜间骤生新叶，每一片叶柄上都有好多的小叶子，看起来像羽毛，非常精致。如此精心点缀似乎要有意和别的豆科植物区分开来，看来黄檀即便苏醒得很晚，出门时也要有一袭优雅的装扮。

苏州各地，无论丘陵山地，还是平原地带，甚至陡坡山脊处，都能见到黄檀的身影，只是常被误认为是杂树，不以为然。黄檀属古树名木者有四株，最粗者在吴中区东山镇东山村雨花台，树龄已有 130 余年。

黄檀清秀、高大，夏日里，黄白色的蝶形小花开遍枝头；花落后，叶腋间便会挂起一对对沉甸甸的荚果。黄檀生长非常缓慢，每年的生长期只有短短 4 个月，10 月叶子就开始发黄飘落。

黄檀虽姗姗来迟，但自信满满，不着急，不匆忙，极有耐心地慢慢生长。是啊，没有岁月的沉淀、四季的打磨，哪会有致密的纹理、抗压的材质，又怎会被匠人们追逐、推崇……古代黄檀就有“车以为轴”的记载，也是苏作雕刻的上好用材，在苏州，寻常百姓家里也常有那么一两件黄檀家具或小件。黄檀根、叶还可入药，有清热解毒、止血消肿之功效。

檵木

Loropetalum chinense（R. Br.）Oliver

金缕梅科	檵木属	常绿灌木或小乔木	花期 3—4 月

“檵”这个字，平实雅重，可能寓意檵木的花瓣多丝。当年的“繼”简化成了“继”，但“檵”保留了繁体写法。

檵木又叫白花檵木，花开时满树盎然，整棵树都好像在花朵的包裹之下，细长的花瓣如同丝带一般，随风摆动。细雨蒙蒙的春日，那洁白晶莹的檵木花笼罩在雨丝里，一片素白，楚楚风致，我见犹怜。檵木花又名“纸末花”，《植物名实图考》记载其“丛生细茎，叶似榆而小，厚涩无齿，春开细白花，长寸余，如翦素纸，一朵数十条，纷披下垂……”

在苏州乡下，檵木属于不成材不成器的树木，但却是烧火的好柴。把枝干晒干后折成数段，塞到灶里火旺得很。檵木叶、根皆可供药用，“其叶嚼烂，敷刀刺伤，能止血”（《植物名实图考》），根及叶用于跌打损伤，有去瘀生新的功效。

在城市中更为常见的是檵木的一个变种——红花檵木。除了花朵的颜色有所不同，红花檵木与檵木并无二致，但因其颜色的艳丽而广受园艺界的喜爱。

老鸦柿

Diospyros rhombifolia Hemsl.

柿科	柿属	落叶小乔木	花期 4–5 月 果期 9–10 月

老鸦柿，据传因乌鸦喜食其果实而得名，野生于穹窿山、花山、大阳山、虞山等处。老鸦柿雌雄异株，雄株不结果，但有发育良好的个体能产生少数雌花，结出果实。花虽小得不起眼，却也异常精致优雅，经得起观赏。老鸦柿木质坚硬，树干皮层损伤后，木质表层碳化变硬，不易腐烂。

造物的微妙往往是无奈的，树的际遇也是如此。如今曾被视为野树的老鸦柿，因其一树颜色鲜艳形态可爱的果实，而成为盆栽界青睐的树种之一。特别是在日本，被奉为嘉物，繁衍生息了300多个品种。这完全是老鸦柿的魅力使然，秋冬叶子落尽后，它那橙红色点缀着天目瓷釉色般油滴的果子，垂挂在细长的果柄下，玲珑可爱，经冬不落，展示着特有的平衡美。

流苏树4月间花开似雪，因此也被称作“四月雪”。苏州花山山顶上有野生的流苏树，抱石莲络石而生，宁静安然。

花季时，流苏树上如霜如雪，每朵小花花型纤细如丝，向上绽放，近似古代仕女服饰上的流苏，因此得名。流苏和檵木，都开白色的碎花，但檵木的花瓣像细碎的小纸片，而流苏的花则好像是将纸片的边角修剪圆润了些。

因为流苏树的花含苞待放时，它的外形、大小、颜色均与糯米相似，加上花和嫩叶又能泡茶，故也称之为糯米花、糯米茶，非常有趣。

流苏树高大秀雅，树冠饱满，适应性强，寿命长，是优良的园林观赏树种之一。此外，它的经济价值也很高，木材坚韧细致，可制器具；果实更是含油丰富，可榨油，供工业用。

流苏树			
Chionanthus retusus Lindl. et Paxt.			
木犀科	流苏树属	落叶灌木或小乔木	花期3-6月 果期6-11月

木通

Akebia quinata（Houtt.）Decne.			
木通科	木通属	落叶木质藤本	花期 4–5 月 果期 6–8 月

夕阳映照的山坡上，斑驳的光点从树缝洒下来，缠绕在树上的木通蔓藤绽放出明亮的紫色花朵，宛如仙子。真没想到，以药用出名的木通，竟然如此清丽秀雅，不由得让人想“一亲芳泽”。木通花瓣如木瓢，古色古香，其形常被刻画于器具上。木通夏季结实，如小木瓜，核黑瓤白，味道甘美。

木通因其茎有细孔，两头皆通，吹之气出而得名。它喜欢生长在温暖、湿润的地方，苏城各处山地，如上方山、穹窿山、三山岛等处都能找到，但数量不多。

据记载，木通味甘淡、性寒，无毒，藤茎可入药，有清心火、利小便、通经下乳之功效，可治尿赤水肿、喉痹咽痛、口舌生疮、风湿痹痛、月经不调等病症。明代名医李中梓说：“木通，功用虽多，不出宣通气血四字。” 现代人工作生活节奏快，容易心烦上火，若是拿木通与生地黄、甘草、竹叶等配用，则能上清心经之火，下泄小肠之热，但切记，这味药孕妇是忌用的。

牛鼻栓

Fortunearia sinensis Rehder et E. H. Wilson			
金缕梅科	牛鼻栓属	落叶小乔木或灌木	花期 4–5 月 果期 7–8 月

牛鼻栓常生于山坡杂木林中或岩隙中。这种植物为什么叫牛鼻栓呢？据说是因其木材坚韧，以前常用来做拴牛鼻的木栓。

其实，牛鼻栓还可作为雕刻工艺品的用材，是我国特有树种，独属单种，对植物分类学也有重要价值。苏州至今尚只见野生，穹窿山茅蓬坞有一株最粗的牛鼻栓，已列入《古树名木保护名录》。花山鸟道的起点处，也有一株牛鼻栓，感兴趣的不妨前去打卡。

名字粗犷的牛鼻栓其实样貌清秀委婉得很，叶鲜绿、偏薄，叶纹清晰，叶缘齿状；花穗状，两性花和雄花同株，远看好像红色薰衣草；果实小陀螺样，三五个一结。牛鼻栓的花语为“记仇”，爽快好记，也许是被拴住的牛不大高兴吧。

牛鼻栓枝、叶、根全年可采，皆可入药，其味苦、涩，性平，具有益气、止血的功能，药用价值良好。据记载，牛鼻栓善治疲劳、乏力、气虚、刀伤出血等，采摘牛鼻栓后，洗净、晒干，取根二到三两，经水煎，冲上黄酒和红糖，早晚各服一次即可。外敷则取五至八钱，捣烂敷于伤口处。

算盘子

Glochidion puberum（Linn.）Hutch.			
大戟科	算盘子属	落叶灌木	花期 5–6 月 果期 8–9 月

可能是喜欢算账，抑或是算盘的粉丝，这大戟科直立灌木比着算盘珠子生出了自己的娃：果实算盘子。由此，它自己也得了"算盘子"的大名。又因为其长相与南瓜接近，所以也被称为"野南瓜"。

苏州各地，特别是天平山、三山岛和穹窿山的山坡上或山谷里，都能找到算盘子。树不高，枝干秀丽有形，密被短柔毛；花小，雌雄同株或异株，2—5朵簇生于叶腋内。算盘子叶颇厚，相互交错而生，上面灰绿色；到了秋冬季节，叶变橙红色或红色，愈发好看。

算盘果子剥开皮，里面的果肉白滑滑的，生吃的滋味不佳，可用来煮汁治病，其根和叶同样是入药部位，具清热解毒、治痢止泻、祛风活络之功效。民间验方称，取算盘子根或叶三两，水煎后以红糖调服，可治肠炎。另有记载，用算盘子根煎汤漱口，可治牙痛。

小蜡

Ligustrum sinense Lour.			
木犀科	女贞属	半常绿灌木或小乔木	花期 4-5 月 果期 10-11 月

小蜡，又名水黄杨，苏州城乡皆可见到。《植物名实图考》曰：“小蜡树……高五六尺，叶茎花俱似女贞而小，结小亚实甚繁。”春末夏初时，小蜡一树白花，花香浓郁。每朵小白花与桂花的外形有几分相似，花序呈圆锥形，密密麻麻缀在枝头。入秋后，小蜡枝头挂满球形小果，初时嫩绿可爱，待到熟透时就变成紫黑的了。小蜡树皮灰色，较光滑，椭圆形叶片，纸质或薄革质，枝叶稠密，生气勃勃。

小蜡树姿袅娜，分枝茂密，花开似雪，是极为优美的木本花卉和园林风景树。它还特别耐修剪，整形成长、方、圆都可以，作为绿篱、绿墙或绿屏最适合不过。人们也常将小蜡修成一丛圆球，植于庭门、入口和路边，十分美观大方。

除了观赏价值外，小蜡的果实可酿酒，种子还能榨油供制肥皂。其树皮和叶可入药，具清热降火之功效，主治吐血、牙痛、口疮、咽喉痛等症。

小蜡的花

野山楂

Crataegus cuneata Siebold et Zucc.

蔷薇科	山楂属	落叶灌木	花期 5–6 月 果期 9–11 月

金秋，漫山的野山楂熟了，从穹窿山脚徒步上山，随处可见红彤彤的野山楂，惹得人总是忍不住想伸手去摘。这果子嚼起来有一股淡淡的酸甜味，是很多人儿时记忆深刻的味道。

野山楂果好吃，花也好看。春花凋零的时候，雪白的野山楂花却漫山地绽放了。野山楂花开五瓣，中心一圈白花丝缀着红，往里再一撮黄花蕊，花朵一团团生在红褐色的枝头上。野山楂的叶子最是有趣，像鹅掌，薄薄的一片，清清爽爽。就这样绿叶衬着白花，安安静静地开在山坡上。要小心的是，野山楂枝干有刺，不要轻易去碰。

野山楂花枝可入药，可起到止血、散瘀止痛的作用。野山楂果味酸、甘，性微温，既可生食，还可酿酒或制果酱，入药则有消积散瘀、健胃补脾、活血养气之功效。民间常用山楂来煮粥喝，营养丰富。比如沙参山楂粥，滋补益气、健胃安脾；山楂薏苡仁粥，清热解暑、补血养气，盛夏时吃再好不过了。

野山楂的花

柘（zhè）树

Cudrania tricuspidata（Carr.）Bur.

桑科	柘属	乔木或小乔木，或为攀援藤状灌木	花期 5–6 月 果期 6–7 月

柘树，别名柘桑，是一种高龄珍稀树种，生长十分缓慢，凡树龄50年以上的柘木都属国家一级保护植物。

柘树树干坚韧，树皮灰褐色，基部有许多棱状突起，高可达7米。《本草衍义》记载：“叶饲蚕曰柘蚕。叶硬，然不及桑叶。”柘树的叶子，虽然不及桑叶，也可喂蚕，称“柘蚕”，可制出品质上乘的柘丝。

初夏，柘树开黄花，雌雄异株，花呈球状，单生或成对腋生。之后雌花渐渐结成绿色果实，待到完全成熟时，就像一颗颗红彤彤的小荔枝似的挂在枝上了。

柘树木质坚硬细致，光滑沉重，颜色鲜艳，纹理清晰，又叫“贞柘”。民间有“南檀北柘”的说法，其心材更为珍贵，呈黄金色，散发着一种自然美。它又被称作“黄金木”或“帝王木”，是制作高级家具、雕件工艺品的珍贵材料，甚至可与金丝楠木相媲美。

此外，柘树茎皮纤维还可造纸，叶则可养蚕，果熟时亦可生食或酿酒，是经济价值极高的树种。

栀子

Gardenia jasminoides J. Ellis

茜草科	栀子属	灌木	花期 3–7 月 果期 5 月 – 翌年 2 月

夏日里走在苏城的大街小巷，总能听到老阿婆一口吴侬软语，叫卖道："阿要买栀子花、白兰花……"等走近了，瞧见她们常常包着头巾，手臂上挽着一篮子白色的小花环，细铁丝将花朵穿得很紧凑，清爽又好看，有白兰花，也有栀子花。那时候，一块钱一串。

就像老歌里吟唱的："买几朵栀子花，别在衣和袖，挑一把小花伞给你遮日头……"

于是，印象里夏天的姑苏，从儿时起便深深烙上了花香的印记，幽幽的清香，那么雅致，那么淡然……

栀子，又名黄栀子、山栀、白蟾。其叶革质，对生或三枚轮生，花通常单朵生于枝顶，芳香四溢。金秋时节，栀子结果了，一颗颗果实跟小红灯笼似的，可爱极了。它们顶部还生有数枚长长的绿色萼片，远观又像一根根矮胖的小胡萝卜立在枝上。待这些模样有趣的果实成熟了，晒干后可入药，有泻火除烦、清热利湿、凉血解毒之功效。

据说栀子还是秦汉以前应用最广的黄色染料，其果实中含有栀子黄素与藏红花素等，可用于染黄。《汉官仪》中记载："染园出栀、茜，供染御服。"说明当时许多顶级的服饰都是用栀子来染制的。

栀子的果实

华紫珠是我国的特有植物。自然界一般红果居多，紫色的小果比较稀少，而华紫珠的果实，圆润且泛着宝石般的光，像一颗颗紫色的珍珠，很别致，实在是秋日里难得的美景。而且华紫珠经冬不落，越成熟，紫色越浓，越光芒洋溢。

夏日是华紫珠花朵绽放的时节,伞状花序，花色淡紫如蝶，还有长长的淡黄花蕊从花瓣中冒出，点缀得恰到好处。华紫珠花虽小，但十分精致，若走近观看，花开之处一片芳菲。

华紫珠的叶片和根中富含黄酮类、缩合鞣质、多糖类等次生代谢物质，具有止血、散瘀、消炎等功效，是我国传统的中药材。

华紫珠			
Callicarpa cathayana H.T. Chang			
唇形科	紫珠属	落叶灌木	花期 6–7 月 果期 9–11 月

“小池南畔木芙蓉，雨后霜前着意红。犹胜无言旧桃李，一生开落任东风。”（宋·吕本中诗）在古人眼里，木芙蓉就是不畏艰难的代表，风吹雨打之后，在寒霜的侵扰之下，用心努力开放出美丽的花朵。

木芙蓉多生于南方，在巴蜀之地，木芙蓉本来是叫“芙蓉花”，后来因莲花又叫“水中芙蓉”，就逐渐被人称为“木芙蓉”。范成大晚年返回家乡苏州，随地就势建亭，遍种木芙蓉，并写下《窗前木芙蓉》等诗。

到底何种样貌的花儿如此惹人注意？正所谓“晓妆如玉暮如霞，浓淡分秋染此花”（宋·刘子寰《芙蓉花》），木芙蓉被人们称为“弄色芙蓉”，花很大，单瓣或重瓣，初开时白色或淡红色，后变深红色。其品种多，花色、花型随品种不同有丰富变化，是一种很好的观花树种。由于花大而色丽，自古以来多在庭园栽植，可孤植、丛植于墙边、路旁、厅前等处。特别宜于配植水滨，开花时波光花影，相映益妍，分外妖娆，植于庭院、坡地、路边、林缘及建筑前，或栽作花篱，都很合适。

木芙蓉的花、叶、根可入药，有清热解毒、消肿排脓、凉血止血的功效。

木芙蓉			
Hibiscus mutabilis Linn.			
锦葵科	木槿属	灌木	花期 8–10 月

古树名木

白玉兰

Yulania denudata（Desr.）D. L. Fu			
木兰科	木兰属	落叶乔木	花期 3–4 月 果期 9–10 月

乾隆手植白玉兰

白玉兰，又称望春花，为早春之花，先叶而开。自古大户人家的庭前常栽白玉兰，与海棠、牡丹、桂花一起，色香宜人，又有“玉堂富贵”之意。李渔《闲情偶寄》中说：“世无玉树，请以此花当之。”苏州的文人雅士，爱玉兰的纯洁、高雅，故将读书写字、吟诗作画的庭院命名为“玉兰堂”。苏州的园林里留存多处。

苏州留下来的白玉兰古树不多。东山紫金庵的双色玉兰，树龄800年以上，它本为紫玉兰，遭雷击后差点死掉，花匠在原来的树桩上嫁接了一棵白玉兰。嫁接之后，白玉兰活了，连带紫玉兰也枯木逢春，又长出了新枝。如今这株古树成为紫金庵一宝。另外，在穹窿山的上真观内，有一棵乾隆亲手栽种的白玉兰树，虬枝斜插露台，花开季节芬芳飘逸，朵朵洁白如玉，香气似兰，正是“翠条多力引风长，点破银花玉雪香”（清·沈同《咏玉兰》）。如今，白玉兰已经成为苏州主要的景观绿化树，饮马桥头、莫邪路畔，皆有其柔美的倩影。

旧时苏州老街上总有玉兰片卖，入口即化，是孩子们的心头好。苏州弹词《玉蜻蜓》“问卜”一折中，算命先生胡瞎子吃“玉兰片”，有放进嘴里就没有、吃一担都吃不饱的描写。这里的“玉兰片”，是真正用白玉兰花瓣做成的一种茶食，现在的菜谱中叫“酥炸玉兰”。清《吴郡岁华纪丽》记载，农历二月里，女眷们在虎丘山玉兰房看玉兰花时，喜欢拾起落在地上的花瓣，回家洗净，拿面粉蔗糖拌和，下油熬熟，做成一个个“玉兰饼”。玉兰花不仅可食，还可入药，有祛风通窍、止咳化痰、清热利尿之功效。

枫香

Liquidambar formosana Hance

金缕梅科	枫香属	落叶乔木	花期 3–4 月 果期 10 月

苏州天平山，和北京香山、南京栖霞山、长沙岳麓山一起，被称为中国四大赏枫胜地。

天平山的这片古枫林，据《天平山志》记载，最早是由范文正公后裔范允临（1558—1641）在明万历四十三年（1615）辞官回苏修建天平山庄时所植，从此天平山就成为吴中“诸山枫林最胜处”。漫山遍野高大的枫香树，“枫染山醉”，仿佛置身于一片红色的林海。危岩峭峰之上，曲径通幽之处，亭前寺外，山泉之侧，皆可看到枫香，别有一番韵味。特别是文正公祖墓“三太师坟”前，数株古枫，参天干霄，人称“九枝红”，尤为名重。

400年间，每到秋晚，霜林尽染。“丹枫烂漫锦妆成，要与春花斗眼明。虎阜横塘景萧瑟，游人多半在天平。”骚人墨客更是觞咏其下，留下了一众吟诵，天平赏枫活动迅速风靡起来，并逐渐成为一项吴地民俗。《清嘉录》对天平枫香更是推崇备至：“郡西天平山，为诸山枫林最胜处。冒霜叶赤，颜色鲜明，夕阳在山，纵目一望，仿佛珊瑚灼海。”苏州人做事向来讲究时令，过去以农历十月十五日下元节后为天平观枫活动的最高潮，看过了枫叶，一年的游事才算圆满。

一方水土养一方树，天平枫香的美与众不同。叶色随四季而变幻，从绿色、黄色直到深红。“霜叶红于二月花”描写的正是此情此景，那经霜的枫香叶比春日里的花儿还要鲜艳。

枫香3月开白花后，马上结果，名路路通，“圆如龙眼，上有芒刺”，可药用，有祛风活络、利水通经的效用。其木质坚硬，“可作栋梁之材”，故常将其用作家具和贵重商品的装箱用材。其树脂甚香，人称“白胶香”，凝结矿化后，也是一种琥珀。

罗汉松

Podocarpus macrophyllus（Thunb.）Sweet

罗汉松科	罗汉松属	常绿针叶乔木	花期 4–5 月 果期 8–9 月

唐寅手植罗汉松

罗汉松，又叫罗汉杉、土杉、仙柏、江南柏等，在苏州地区并不少见，但千年古树却是难觅，苏州目前有两株，都在吴中区。古老的罗汉松，树形大气，枝干粗壮，犹如虔诚老者，神韵清雅，灵气环绕，傲然苍翠，风雨不动。

吴中区东山镇碧螺峰下的灵源寺遗址内，留存有一株罗汉松，树高约 35 米，树龄约 1500 年，相传为梁代建寺时所植。整个树体呈龙纹盘旋之状，还长有很多树瘤，姿态古拙，有“江苏第一古松”之称。李根源先生在《吴郡西山访古记》中写道：“入灵源寺，罗汉松一本，大可数抱。臃肿轮囷，蟠崛扶疏，殿庭荫满。”另一株古罗汉松在光福镇邓尉村玄墓山的圣恩寺，虽有千岁高龄，仍焕发勃勃生机。

常熟尚湖镇有一株颇有名气的罗汉松，树龄 800 多年，被当地人称为“阴阳树”。相传该树分东西两面，一年东面长叶西面枯死，次年西面长叶东面枯死，如此循环往复。另外，还有一株传奇的罗汉松，位于天平山梅庄，相传为明代苏州才子、吴门画派著名画家唐寅亲手所植，树龄约 430 多年，高达 14 米，干皮剥落，颇显古朴，但顶部却枝繁叶茂、生机盎然。

罗汉松的传统寓意为“长寿、守财、吉祥”，古来民间便有“家有罗汉松，世世不受穷”的说法。许多风水古籍记载：“住宅四畔竹木青翠，进财。”因此，长久以来人们都认为，在自家房前屋后种植几棵罗汉松，既可生财旺宅，又能为家人带来安康吉祥。

罗汉松的果实

香樟

Cinnamomum camphora（Linn.）Presl

樟科	樟属	常绿乔木	花期 4-5 月 果期 9-11 月

西山金铎村 1100 年古樟树

老人们可能记得，在他们幼时，苏州香樟并不多见，那时香樟木可是名贵木材，得从千里之外的江西等处运来。随着气候逐渐变暖，20 世纪 70 年代以来，香樟作为优良的常绿绿化树种，在苏州得到大量繁育，遍植城乡，成了名副其实的“市树”。初夏香樟开出黄白小花，满树裹着一股清香；冬春之际，熟透的小黑浆果，随着淅淅沥沥的细雨，洒落了一地，踩在声声“噗噗”中，让人略察一丝春意。

其实在宋朝前，苏州地方气温相对较高，香樟、橘子等不耐寒的树所在皆有。但宋朝庆历元年（1041）冬天，伴着突降的暴雪，发生了严重的冻害，橘树一时都被冻死，野生的香樟也只在太湖诸岛得以留存。

太湖形成的生态小气候孕育了独特的生物多样性，在沿湖丘陵，旧时苏州别处不能生长的香樟在此安然自处，生生不息，至今保留了 5 株千年以上的古树。最老的一株古樟树在西山爱国村，已有 1500 年树龄，可称为“香樟王”。

西山明月湾村口有一株古樟，相传为唐代著名诗人刘长卿到明月湾访友时所植。古樟一侧主干因火烧、雷劈早成枯木，只靠后来发出的新枝维持生命，枝叶茂盛，俗称“爷爷背孙子”。这棵树是明月湾村的标志，树龄已有 1200 年。

太湖小岛阴山上的一株古樟，树龄约 1000 年，覆荫辽阔，村民常在树下集会纳凉。还有西山金铎村的一株古樟树，树龄约 1100 年。刚刚粉刷过的村舍，在阳光下洁白耀眼，古树高高地绿着，因为被截了一枝，树冠并不如想象中那么大。

位于西山双观音堂遗址内的古樟园，因着一株宋代千年古樟和一株元代古樟而建成，如今整个古樟群背倚山坡，形成了一片浓荫蔽日的“清凉境”，守护着古村。两株古樟枝叶相交，荫浓苍翠，巍巍峨峨，气宇非凡。

西山 1500 年香樟树王

紫藤

Wisteria sinensis（Sims）Sweet

豆科	紫藤属	落叶藤本	花期 4–5 月 果期 5–8 月

东山老街千年紫藤

吴语多古音，譬如把紫藤唤作“朱藤”，是实实在在地保留了唐朝的古语。“紫藤挂云木，花蔓宜阳春。”（唐·李白《紫藤树》）如瀑布般倾泻而下的紫藤，是人间四月天里，最让人牵挂的美。

“牡丹锦发，朱藤霞舒。”谷雨时节，藤花怒放，一架紫气，云蒸霞蔚，如此气魄，众生怎能不被迷倒在它的花瀑之下？到了冬天，褪去翠华的紫藤，棚架上几丈的枝干，虬然蜿蜒，气势依旧。

苏州有“名藤”无数：忠王府的是文徵明种的，东山老街的已有千年了，还有市一中、市十中、留园、拙政园……紫藤长寿，苏州留存的古紫藤颇多。

最负盛名的当属忠王府庭院内文徵明手植的那株紫藤，也被称为“文藤”，已历经了400多年的沧桑。偶然一场大雨过后，花瓣纷纷落到地面上，好像给大地铺上一层紫色的地毯，真的是如梦如幻。

东山老街（茶叶弄东）的千年紫藤，老根盘绕，绿荫蔽街，开花时如璎珞之下垂，散芳满地。在东山流传着“先有紫藤后有街”的说法。

市一中的古紫藤在学校的东北角，历经沧桑，老干中间已为空隙，却宛若蛟龙翻腾、苍老遒劲，紫藤依旧葳蕤绵密，藤冠遮荫约100平方米，堪称“学校的灵魂”。4月初，紫藤吐艳之时，一串串硕大的花穗垂挂枝头，紫中带蓝，灿若云霞，让人流连忘返。

盛行于北方的紫藤花馔曾经也在吴地流行过，康熙年间的《重修常熟志》就有“朱藤花可俎食”的记载，据说是拖了面粉油炸着吃。

紫藤有一白花变种，叫“白藤”，雅一点称为“银藤”，留园和昆山亭林公园都留存有老藤，盛开之时，“怪来红紫无颜色，白玉玲珑盖一庭”，美而纯净。

藤樟交柯

六百余年高龄的香樟，并不罕见；三百余年高龄的紫藤，也不罕见；但三百余年的紫藤浪漫地缠绕着两棵六百余年的香樟，就很罕见了。这一缱绻缠绵的“藤樟交柯”奇景，就在西山罗汉寺旁，被称为“吴中一绝”。

每年4月，紫藤花盛开之时，观此奇景的人会挤爆罗汉坞。民国十八年（1929），李根源携友游西山至罗汉寺，留下“寺门有老藤一株，夭娇蟠崛，较拙政园文藤尤奇古”的描述，可见其对这株古紫藤的喜爱。

两株古樟树依溪而伴，苍劲挺拔，深荫翳日。紫藤以柔美之姿，拔地而起，沿古樟盘绕而上，直达枝梢。含苞待放时，淡淡的粉紫色与古樟新叶淡淡的鹅黄色水乳交融，温柔至极。盛开时，藤花如紫霞披挂在古樟树上，更似紫色飞瀑，于绿荫间，喷薄而出，汇集而下。

藤樟交融的清香，藤樟相依的温柔，藤樟合璧的壮观，让人心心念念，愿与之共赴一场生命的盛宴。

藤樟交柯

移山岛千年古榉

老苏州对榉树有着由衷的热情，家中种树，前榉后朴，这是在苏州延续了数百年的讲究。一来嫁娶之时，可用来置办器具，二来寓寄了一份美好的祝愿。吴语中“榉”字音同“贵”，百姓人家总希望子孙“后”代一“举”成名，富“贵”不断。

“北榆南榉”，以前，榉树是江南主要的用材树，吴地多湿，大部分木质家具都有受潮裂曲的问题，唯独榉木没有这个困扰。榉木质地均匀，色调柔和，纹理规律有致，层层叠叠，有“宝塔纹”之称。苏州出产的榉木名叫“杜榉”，纹理更加坚细，为他处所不及，一直都是苏州民间家具的常用材料，在人们心目中地位与红木等同，故称其为“江南红木”。苏作榉木家具造型多样、风格隽秀，经过岁月的洗练，更显其内敛雅静的气质。

榉树树干笔直，枝条扶疏，清秀挺拔，每至秋晚，叶红怡人，真有石径寒山之趣。目前留存在园林、街坊、乡间的古树、老树比比皆是，但千年的古榉树只有一株，在太湖移山岛上，是苏州的“榉树王”，又老又粗。

榉树的花

榉树			
Zelkova schneideriana Hand.-Mazz.			
榆科	榉属	落叶乔木	花期 4 月 果期 9-11 月

西山三官殿 1500 年

龙柏是圆柏（桧树）的栽培变种，它长到一定高度，枝条螺旋盘曲向上生长，好像盘龙姿态，故名“龙柏”。东汉班固《白虎通·崩薨》记载：“天子坟高三仞，树以松；诸侯半之，树以柏；大夫八尺，树以栾……”古代礼制中，柏树代表了诸侯的身份。很多古籍记载中也提到了柏有驱邪的功能，所以古代龙柏是吉祥的植物。

“霜皮溜雨四十围，黛色参天二千尺。”（唐·杜甫诗）龙柏之茂，隆冬不衰，草木秋死，龙柏独存；寒暑不能移，岁月不能败。苏州留存的龙柏古树不少，吴中区爱国村三官殿内有一株约1500年树龄的古龙柏，高达20米，躯干斑驳，弯曲如龙，依然风清气爽，昂首吐蕊，布满了岁月的风雨沧桑。朴园是古城内的一座年轻园林，园内却有7棵古龙柏，树龄最长者390余年，虽有部分树皮脱落，却仍枝繁叶茂，生机勃勃，覆荫如伞。

北宋著名诗人梅尧臣有诗云：“花非龙香叶非柏，独窃二美夸芳蕤。苦练不分颜色近，紫荆未甘开谢迟。群公莫以得地贵，竟费佳句何足思。”古树无言，却动人心绪。

龙柏			
Juniperus chinensis Linn. 'Kaizuca'			
柏科	刺柏属	常绿乔木	花期 3–4 月 果期 翌年 10–11 月

枸杞			
Lycium chinense Mill.			
茄科	枸杞属	落叶灌木	花期 6–10 月 果期 10–11 月

角直保圣寺百年枸杞

“翠黛叶生笼石甃，殷红子熟照铜瓶。”（唐·刘禹锡诗）枸杞原产中国，在苏州多有野生，枸杞枝条细长，清秀可人。初夏紫花绿叶，素净典雅；花落后，枝头遍饱满之红果，活泼喜人。

枸杞嫩叶称“枸杞头”，苏州人一直是煸炒着吃，重油、重糖，微微的凉苦中带着丝丝甘甜，肥笃笃，风味独特。唐代陆龟蒙喜食枸杞头，园中遍栽，每到“春苗滋生”，就“采撷供左右杯案”，吃得高兴，还专门写了一篇《杞菊赋》。明代太仓的王世懋在《瓜蔬疏》中称“枸杞苗，草中之美味”。

古人常以果实、根皮入药，“上品功能甘露味，还知一勺可延命”。枸杞子俗称“明眼子”，可治肝肾问题所致的视物昏花及夜盲症。老人们也常说多食枸杞对眼好，头不昏、耳不鸣，气血足了也精神。

枸杞在我国西北干旱地区多有种植，而在阴湿多雨的江南水乡，百年枸杞成活实属不易。如今，常熟董浜还留存一株古枸杞，树龄已有930多年，被称为“江南枸杞王”，枝干虬绕如龙，仍有新叶待发。吴中区甪直镇保圣寺内也保存有一株约120多年树龄的古枸杞，老本枸杞，穿石裂云，垂持于湖石峰顶。初春银枝隐翠，盛夏紫花争艳，深秋红果漫冠，寒冬苍藤抱石。深秋季节，老树枝梢挂满通红饱满的枸杞果，真可谓“红果漫冠”的盛景。

苏州人爱“玩物”，除了在庭院中种植枸杞，有“吴中好事者”还将之植于盆中，放在几案上赏玩，“老本虬曲可爱，结子红甚点点若缀”，风雅之极。

银杏

Ginkgo biloba Linn.			
银杏科	银杏属	落叶大乔木	花期 3 月 果期 9–10 月

东山岭下村 2000 年银杏

银杏的种子“白果”

作为中国独有的古老树种，银杏被称为植物界的“活化石”，它生长速度缓慢，寿命极长。苏州千年古树中银杏最多，有17株。

长期以来，苏州银杏分为观赏和生产两类。观赏用银杏大致为宅地、园林中栽作秋色树，或为寺观中栽作菩提树。生产性果树主要分布在太湖沿岸丘陵地带，清金友理《太湖备考》载：“圆者名圆珠，长者名佛手，出东、西二山。”

苏州文庙有4棵数百年的老银杏，分别名：寿杏、福杏、连理杏和三元杏。其中，寿杏为南宋遗物，见证了历史的沧桑变幻；其他3株同栽于明洪武七年（1374）。最特别的还是那株连理杏，它的树体上竟长有一棵朴树和一棵榉树，三树和睦相处，根深叶茂。

留园中也有数株古银杏，年龄最长的树龄已有300多年，最短的树龄也有170余年，分别生长在留园中部和西部区域。此外，保圣寺、圆通寺、兴福寺等古刹里的银杏也都很有些年头。

东山是全国银杏五大产地之一，山地斜坡，公路两旁，家前屋后，都有银杏园。每当秋末冬初时，满园尽是黄金叶。其中，岭下村有一株“江苏银杏王”，已有2000余年树龄，据传栽于西汉末年，是苏州树龄最高的古树。100多年前曾遭受雷击，仅剩下约四分之一树身，后来，根部萌生出了20多根新枝，被当地村民视为神树。

虞山北麓原三峰寺龙殿遗址上有一株千年古银杏，树高23米，分蘖12株，最大一株分蘖胸径0.78米。这株古银杏树纹糙裂纵直，于树腰处却又盘旋而上，树型似龙，故被称为“龙树”。也许是应了“龙生九子”的传说，大银杏树周边还生长有9棵银杏树，子子孙孙，枝繁叶茂。

银杏属于裸子植物，没有果实，它长出的种子被称作“白果”，食用价值极高。白果虽好，却不可贪食，老苏州常告诫贪吃的小辈们，吃白果的粒数千万不能超过自己年龄。

圣恩寺圆柏

自古以来，苏州各处寺庙都广植圆柏，因其长寿长青且木质芳香、经久不朽，为“百木之长”，又因其有镇邪避灾的作用，故而陵墓前也常栽种。据记载，古时天子陵寝种植松树，诸侯墓前种植柏树，官员可种植杨树，而一般老百姓就只能种榆树了。当然，松柏难分家，后来只要是帝王陵寝，有松必有柏。

圆柏在苏州的栽培历史悠久，据载，唐代时候太湖周边山陵就已经有种植，现共留存古圆柏数百株，数量仅次于银杏，是苏州古树名木中的重要树种。

光福镇司徒庙内4株远近闻名的汉代古柏，名“清奇古怪”，距今已有近2000年历史。它们饱经风霜，遭受过雷击重袭，然而大难之后反为奇观。据李根源记载，它与拙政园文徵明的紫藤、环秀山庄的假山和织造府的瑞云峰，统称为“苏州四绝”。此外，光福镇玄墓山圣恩寺内一株古柏，树龄1800多年，相传为晋代遗物，是苏州现存最粗的一株圆柏。网师园“看松读画轩”南有一株古柏，相传为网师园初代主人宋代吏部侍郎史正志所植。还有昆山亭林园内的3株“郎官柏”，据记载为明正统元年（1436）所栽，如今仍郁郁苍翠。

圆柏还是苏派盆景制作的佳材，明王鏊《姑苏志》就有“可盘结以供盆儿之玩”的记载，至于近世朱子安遗作《秦汉遗韵》更是独为翘楚。圆柏木材桃红色，香气浓，“性能耐寒，其材大”，是极好的家具用材。

据医书记载，圆柏树皮、枝叶可治疗风寒感冒、肺结核、荨麻疹、风湿关节痛等症。圆柏叶又称“桧叶”，民间常用桧叶来治疗百日咳。

圆柏			
Juniperus chinensis Linn.			
柏科	刺柏属	常绿乔木	花期 3–4月 果期翌年 9–10月

清奇古怪

司徒庙“清奇古怪”

琼花

Viburnum macrocephalum Fort. f. keteleeri（Carr.）Rehd.

忍冬科	荚蒾属	半常绿灌木	花期 4–5 月

琼花是我国独有的古老珍稀花卉，宋代张问曾作《琼花赋》："俪靓容于茉莉，笑玫瑰于尘凡，唯水仙可并其幽闲，而江梅似同其清淑。"

相传琼花是扬州独有、他乡无双的名贵花木，隋炀帝就是为了到扬州来观赏琼花，才大征民工修凿运河。但当运河开成，隋炀帝做龙船抵达扬州之前，琼花却被一阵冰雹摧毁了。接着各地爆发农民起义，隋朝政权崩溃，隋炀帝死于扬州，故有"花死隋宫灭，看花真无畏"的说法。在这里，琼花应该已是被人格化了的有情之物。或许正因如此，琼花才博得了历代文人骚客的赞叹。

事实上，琼花并非扬州特产，很多记载证实了琼花曾在多地展露芳姿。昆山市亭林公园内的一株琼花，已有300多年的树龄，被誉为"昆山三宝"之一，连理交枝，树冠周整，玉花繁盛，堪称今世"琼花之最"。春夏之交，琼花花开洁白如玉，清秀淡雅。其花大如玉盆，由八朵五瓣大花围成一圈，环绕中间一朵白色似珍珠般的小花，又簇拥着一团蝴蝶似的花蕊，微风吹拂，似八仙起舞，故又有聚八仙之称。

昆山琼花在布局上更是别具一格，标新立异。当时栽培的人有意识地将琼花与绣球花等植物种在一起，两种花几乎同时开放，姿态无双。如今亭林公园内有琼花500余株，每年还会举办"琼花艺术节"，吸引无数人前去观赏。

苏州的南园宾馆内也有不少琼花树，有趣的是，这里的琼花每年花开二度，除了四五月间开，八月中秋还会再展花颜。花开时，掩映墙外，繁花似雪，清香袭人，让人身心俱清，确为"落入人间的仙葩"！

昆山亭林公园琼花

玉峰琼花

文庙楸树

苏州旧俗，立秋日要“戴楸叶，食瓜水，吞赤小豆七粒”（宋·范成大《立秋》诗序），可大吉大利。楸树姿态秀美，自古称为“美木”。宋代《埤雅》记载：“楸，美木也，茎干乔耸凌云，高华可爱。”

楸树树干耸挺，高可超30米，木质坚韧耐腐，《齐民要术》称其“车板、盘合、乐器，所在任用，以为棺材，胜于松柏”。在汉代，人们不仅大面积栽培楸树，且能从楸树经营中得到丰厚收入。《汉书》中说“千树楸，此其人皆与千户侯等”，足可证明其为高效的经济树。古时人们还有栽楸树以作财产遗传子孙后代的习惯，全国许多地方还保留有百年生的大楸树，不仅证明了楸树寿命长，而且反映了楸树在这些地方的古老历史。

苏州古城区内超过百岁的楸树一共有5棵，其中3棵就在文庙内，已有190余年的树龄。文庙楸树原来一直被叫作梓树，直到2018年才更正为楸树。楸树和梓树是同属不同种，叶、花相似，但楸树的花是浅粉色带点浅紫色，而梓树的花是黄色的。每年仲春，文庙内的3棵楸树花欣欣盛开，浅粉花瓣，紫红斑点，鹅黄花蕊，形如喇叭，清新素雅，惹人爱怜。常熟三峰清凉禅寺前也有两棵楸树，已经有220年的历史了，树形秀美，被誉为“江南第一楸”。这两棵楸树高大挺拔，枝繁叶茂，花枝交织，共同守护着这座禅寺。

楸树花雌、雄两性，但无法自行授粉，所以往往开花不结果。因此，楸树繁殖大多用分株或根插等方法，《齐民要术》里采用的就是埋根繁殖法，“楸既无籽，可于大树四面掘坑，取栽移之，一方两步一根”。

楸树			
Catalpa bungei C. A. Mey.			
紫葳科	梓属	落叶乔木	花期4–5月

孩儿莲

Illicium henryi Diels

八角科	八角属	常绿小乔木或灌木	花期 4–5 月

孩儿莲，因其花朵小巧玲珑，只有指甲般大小，花型如倒挂的水中莲花，花色红嫩如小孩脸，故而得名。

这是一种原产于我国的树，云南有野生树种，苏州现仅存一株古树，在东山雕花楼园内。《太湖备考》中记载："孩儿莲，木似桂，花如棋子大，色状与莲花同，花不香。挼其叶嗅之，辛芬似茴。吴中向无此种，顺治间东山翁汉津为云南河西（今属玉溪）县令，携归，后为席氏所有……"现今东山雕花楼园内的这株，便是翁汉津带回来那株的"直系晚辈"。

在东山雕花楼花园内的这株孩儿莲相传已有370多年历史了，据说为原楼主金锡之造园时姻亲所赠，历尽沧桑，后为苏州园艺专家颜世和发现，考证其为江南独特的珍稀古木，这株孩儿莲现今长势良好。更令人称奇的是，这株孩儿莲躯干仅剩半棵，仅靠树皮输送养分存活，整棵树身似蛟龙，腾空盘旋而上，遒劲古朴，气度不凡，亦成为春季雕花楼的一道风景。

孩儿莲的花期短，外形诱人，每到江南5月间，暖风熏人，花期来临之时，几十朵莲花型似围棋大小的花朵，花柄弯垂，倒立着绽放于枝头。孩儿莲在原产地开花结果，移植到江南地区后由于气候等原因，只开花不结果，但东山雕花楼的这株2019年曾结果，且留下了影像资料。孩儿莲的果实形如平时做菜使用的香料茴香，但有毒，绝不可混淆，且数量稀少，只是零星散落在树叶中，不仔细寻找不容易发现。

孩儿莲如今在苏州多有培育，南园宾馆内就有一株孩儿莲，栽种于园子西北侧的石舫附近，至今约有60年历史，至于它的来历已无从考证。

红豆树

Ormosia hosiei Hemsl. et E. H. Wils.

豆科	红豆属	常绿或落叶乔木	花期 4-5 月 果期 10-11 月

红豆树在苏州历来是稀罕之物，明清历代方志中屡有记载。苏州城内历史上曾有4棵红豆树，最负盛名的当属“红豆主人”惠周惕红豆书庄的那棵，今已不存。如今只留迎枫桥弄13号的红豆树，树龄有400年以上。古城内还有一株红豆树在周瘦鹃故居紫兰小筑内，相传为过云楼第4代主人顾公硕相赠。

红豆树并非每年都能开花结果，有时得等个数十年，花开时，“色白如珠，微香浓郁”，但花期只有一周左右。花谢后所结“红豆”，即为“相思豆”，寓寄着相思之情，世人对其珍爱无比。

常熟城东白茆镇芙蓉村红豆山庄的一株古红豆树，如今已有470多年树龄，据说当年每逢家里的红豆树开花时，钱谦益和柳如是总要邀请诗坛名流前来观赏，一时文采风流、盛况空前，传为文坛佳话，红豆山庄由此闻名遐迩。

张家港凤凰镇的一株古红豆树也大有来头。据记载，南北朝时梁昭明太子萧统曾在江阴顾山镇手植红豆树，并因王维一首《相思》而闻名。后明代御史徐恪移红豆分蘖于凤凰镇，老树早枯，后发萌蘖新株，保存至今。

常熟一带红豆古树独盛，曾园内的古红豆树至今已有近400年历史，是明代万历年间小辋川园林遗物，为园主监察御史钱岱手植；还有3株古红豆树分别在常熟美术馆、报慈小学和虞山公园。近年来，虞山脚下，农家门前屋后，都栽上了红豆树，有苗圃也开始尝试批量种植扩繁。未来，这“旧时王谢堂前燕”，也能“飞入寻常百姓家”了。

红豆

桂花

Osmanthus fragrans（Thunb.）Lour.

木犀科	木犀属	常绿灌木或小乔木	花期 9–10 月 果期 翌年 3 月

“从桂开时，真称‘香窟’。”（明·文震亨《长物志》）桂花是苏州的市花，每年9月，姑苏城里城外便弥漫着甜甜糯糯的桂花香味。

苏州栽培桂花历史悠久，古时私家宅园、庵观寺院都喜栽桂花，至今留园、网师园、耦园等都存有以桂为名的轩廊亭馆。如今，苏州的桂花公园内有桂花几千株，分属四季桂、银桂、金桂和丹桂四个品种群，苏州人一般独爱金桂和银桂。

苏州留存的桂花古树很多，其中3株古桂花潜居东山紫金庵五六百年。秋日，踏进紫金庵的山门，就能看到台阶上伫立着一棵枝繁叶茂的桂花，这株桂花500多岁了，树冠在山墙上投下阴影，脚下遍地洒金，让人不忍踏足。来到正殿前方，可见山石上两棵巨大的桂花树，这就是苏州的桂花王，迄今已经600多岁。树冠灿若星云，枝叶间仿佛岁月流金，方圆数里都溢满天香。

在古代，桂花对读书人来说是一种吉祥物，人们将科举考试称为“桂科”，考生金榜题名喻为“折桂”，因此在学校里多有栽植。民间还有“铁树开花常有，桂花结果稀奇”的俗语，若是家里的桂花结出桂籽（与“贵子”谐音），那可是大喜临门。

苏州人的餐桌上一年四季都离不了桂花，糖年糕、鸡头米、糖芋艿、冬酿酒……都要撒上些黄灿灿的糖桂花。苏州糖桂花是用纯生态食品——光福梅酱桂花加糖制成的。光福镇窑上村盛产桂花，是我国五大桂花产区之一，每年秋季，古镇上3000亩桂花漫山遍野，香飘千里。

桂花的果实

紫金庵桂花王

— 紫楠 —

紫楠，别称金丝楠、紫金楠。楠属植物中，江苏仅产紫楠一种，苏州也有分布。北宋朱长文《吴郡图经续记》记述苏州物产时，提到“其木，则栝柏松梓，棕楠杉桂，冬岩常青，乔林相望”。

紫楠对生长环境要求相当严格，一般分布于海拔500米至1200米处的亚热带阴湿山谷、山洼及河旁。苏州仅在穹窿山茅蓬坞留存一片野生紫楠林，这与其特殊的地理环境与小气候有关。茅蓬坞冬暖夏凉，排水良好，砂质土壤的土层较深厚，而且阳光照射不强烈，正好符合紫楠生长要求。这里是江苏省独存的野生紫楠林，也是已知分布最北的紫楠林。

山坞内的这片紫楠林位于海拔200多米高处，面积不过两亩左右，属于紫楠古树的有3株，树龄最大的有240多岁。更多为树龄四五十年的野生紫楠，它们似乎是“错生”在这里的，郁郁葱葱，叶大荫郁，树形清秀，树香扑鼻。

自古以来，紫楠木是皇家宫殿等重要建筑梁柱的首选。据记载，明初南京尚有成林的紫楠大树，后来因为“宫廷及王公府邸，多采是木建之”，所以逐渐不见踪迹。紫楠如此稀有，我们在山间游玩的时候，切不可疏于保护这些宝贝古木。

紫楠			
Phoebe shearer（Hemsl.） Gamble			
樟科	楠木属	大灌木至乔木	花期 4–5月 果期 9–10月

图书在版编目（CIP）数据

苏州长物·树/苏州市科学技术协会编.—上海：文汇出版社，2021.7
ISBN 978-7-5496-3612-9

Ⅰ.①苏… Ⅱ.①苏… Ⅲ.①树木—介绍—苏州 Ⅳ.①S717.253.3

中国版本图书馆CIP数据核字(2021)第133512号

苏州长物·树

编　　者 / 苏州市科学技术协会
责任编辑 / 吴　斐
特约编辑 / 鞠　俊
装帧设计 / 李树声

出版发行 / 文匯出版社
上海市威海路755号
（邮政编码200041）
印刷装订 / 无锡市海得印务有限公司
版　　次 / 2021年7月第1版
印　　次 / 2021年12月第2次印刷
开　　本 / 889×1194　1/32
字　　数 / 58千
印　　张 / 8

ISBN 978-7-5496-3612-9
定　　价 / 58.00元